On Conflict

终结生命中的冲突

克里希那穆提 著

王晓霞 陈玥 刘幸 译

JIDDU KRISHNAMURTI

华东师范大学出版社

华东师范大学出版社六点分社　策划

一旦你直接质问战争的根源,你就是在质问你与他人的关系,换言之,你就是在质问你的整个存在,你的整个生活方式。

孟买,1948年3月7日

你必须自愿自发地审视自己的生活,不谴责它,也不说这是对那是错,而只是去看。当你确实以这样的方式去看时,你就会发现你是用充满慈悲的双眼在看——没有谴责,没有评判,而是洋溢着关怀。你是带着关怀进而带着无限的慈悲去看自己的——而只有怀着伟大的慈悲与爱时,你才能洞察生命的整个存在。

马德拉斯,1965年12月22日

目 录

前言 …………………………………………… 001

欧亥　1945年5月27日 ………………………… 001
欧亥　1945年6月17日 ………………………… 004
孟买　1948年3月7日 ………………………… 009
班加罗尔　1948年7月11日 …………………… 015
浦那　1948年9月1日 ………………………… 024
孟买　1950年2月19日 ………………………… 032
在拉杰哈特学校给学生们的讲话　1954年1月22日 …… 038
拉杰哈特　1955年1月9日 …………………… 039
欧亥　1955年8月6日 ………………………… 047
新德里　1963年10月27日 …………………… 050
马德拉斯　1965年12月22日 ………………… 062
罗马　1966年3月31日 ……………………… 068
拉杰哈特　1967年12月10日 ………………… 072
布洛克伍德公园　1970年9月8日 …………… 074
布洛克伍德公园　1974年8月31日 …………… 086

欧亥 1975年4月13日	102
萨能 1978年7月30日	105
孟买 1981年1月31日	115
欧亥 1982年5月2日	125
孟买 1983年1月23日	129
《克里希那穆提独白》节选 欧亥 1983年3月31日	138
萨能 1983年7月26日	144
旧金山 1984年5月5日	151
拉杰哈特 1984年11月12日	164
孟买 1985年2月7日	167
《克里希那穆提笔记》节选 1961年9月31日	171

前　言

吉度·克里希那穆提 1895 年出生于印度，13 岁时被"通神学会"（The Theosophical Society）领养，后者之前已经预言了"世界导师"（world teacher）的到来，认为克里希那穆提就是"世界导师"的载体。克里希那穆提很快就成为一位强大有力、毫不妥协而又无法被归类的导师，他的讲话和著作与任何特定的宗教都毫无关联，既不属于东方，也不属于西方，而是属于全世界。克里希那穆提坚拒被冠以救世主的形象，并于 1929 年骤然解散了那个围绕他建立起来的庞大而富有的组织，同时宣称真理是"无路之国"，借助任何形式化的宗教、哲学或者派别都无法达到。

此后的一生，克里希那穆提始终拒绝接受别人试图强加给他的古鲁地位。他不断吸引着全世界的庞大听众，却从不宣称自己是权威，也不想要任何门徒，而是始终作为一个个人在对另一个人讲话。他教诲的核心即是教导人们领悟这一点：社会的根本改变只能通过转变个人的意识来实现。他一直强调自我认识的必要性，强调需要对宗教和民族制约所产生的局限和分裂性影响加以了解。克里希那穆提不断指出保持开放的紧迫性，指出迫切需要"大脑中那个有着不可思议能量的广袤空间"。而这似乎就是他自身创造力的源泉，也是他对世界上如此广大的人群产生颠覆性影响的关键所在。

克里希那穆提持续在世界各地进行演讲，直至 1986 年去世，享年 90 岁。他的讲话、对谈、日志和信件在 60 余册书籍和数百卷录音带中得以保存。这套主题丛书就是从他浩瀚的教诲中采集汇编而成的，其中每一册书都集中讲述了一个与我们的日常生活息息相关而又十分紧迫的话题。

欧亥 1945年5月27日

提问者： 我相信我们大部分人都从电影和杂志上看到过反映集中营的真实画面，里面有着各种恐怖野蛮的暴行。在你看来，对那些延续了这些可怕暴行的人应该采取什么措施？他们难道不应受到惩罚吗？

克里希那穆提： 谁来惩罚他们呢？难道审判者通常不是和被告一样有罪吗？我们每一个人都加强了如今的文明，助长了它的不幸，每个人都对它的种种行径负有责任。我们就是彼此的行为和反应的产物，这个文明就是集体合作的结果。没有哪个国家、哪个民族与其他的国家或民族是分开的，我们都是相互联系在一起的，我们是一个整体。无论我们承认与否，当一场不幸降临在一个民族身上，我们都在共同分担，就像一起分享幸运一样。你不能把自己分离开来去谴责或者褒扬他人。

压迫的力量是邪恶的，而每一个组织完备的庞大集团都会变成潜在的罪恶之源。借由对别国的残忍行径大声叫嚣，你以为就可以忽略自己的那些行径了。并非只有战败国，而是所有的国家都要对战争的残酷负责。战争是最惨重的灾难之一，最严重的恶行便是残杀别人。一旦你允许恶魔进入内心，你就放任了不计其数的大小灾祸。你不谴责战争本身，而只是谴责那些在战争中残暴无情的人。

你对战争负有责任，你借由你日常贪婪、恶意、狂热的行为催生了战争。我们每个人都加强了这个争强好胜、残忍无情的文明，人与人在其中相互倾轧。你想要根除他人身上战争和野蛮的根源，而你自身却沉湎其中。这导致了虚伪和更多的战争。你必须清除自己身上战争和暴力的根源，这需要耐心和温柔，而不是对他人加以血腥的指责。

人类不需要更多的苦难来醒悟，需要的是你觉知自己的行为，需要你清醒地意识到自己的愚昧和悲伤，进而在自己内心唤起慈悲和宽容。你关心的不应当是奖惩，而是根除你自己身上那些表现为暴力、仇恨、敌对和恶意的根源。去杀害凶手，你就会变得跟凶手一样，你也变成了罪犯。错误不可能通过错误的手段得到纠正，只有通过正确的方式才能实现正确的结果。如果你想要拥有和平，就必须使用和平的方式，而大规模的屠杀、战争，只能导致更多的杀戮、更多的苦难。流血无法带来爱，军队也不是和平的工具。只有善意和慈悲才能为世界带来和平，而不是强权和诡计，也不是单纯的立法。

你对现存的不幸和灾难负有责任，你在你的日常生活中就是残忍、暴虐、贪婪、野心勃勃的。除非根除你自己身上那些导致狂热、贪婪和无情的肇因，否则苦难还将继续。让你的心中充满和平与慈悲，你就会为你的问题找到正确的答案。

欧亥　1945 年 6 月 17 日

提问者： 你谴责战争，到现在还是不支持它吗？

克里希那穆提： 难道我们所有人不是都在维系这场可怕的大屠杀吗？我们每个人都对战争负有责任，战争就是我们日常生活的最终结果；我们通过日常的思考、感受和行动催生了战争。我们把自己在工作、社会、宗教关系中的样子，悉数投射了出来；我们如何，世界就如何。

除非我们了解要为战争负责所涉及的主要和次要问题，否则我们就会困惑不堪，进而无法从战争的灾难中脱身。我们必须知道把重点放在哪里，然后才能懂得问题所在。这个社会的最终结果就是战争，它就是为战争而准备的；它的工业化导向战争，它的价值观推动战争。无论我们在社会的疆域里做什么，都会催生战争。当我们买东西的时候，税金会流向战争；用来付邮资的邮票也助长了战争。无论走到哪里，我们都逃不开战争，尤其是此刻，因为整个社会都在为迎接一场全面战争而组织了起来。最简单、最无害的工作都在以这样或那样的方式在助长战争。无论我们喜欢与否，我们的存在本身就在帮助维系战争。那我们该怎么办呢？我们不可能退缩到孤岛上，也不可能回到原始社会，因为当前的文化已无处不在。那我们还能做什么？我们可以用拒绝纳税、不买邮票的方式来抵制战争吗？那是主要问题吗？如果不是，而只是次要的问题，那我们就不要被它分散了注意力。

主要的问题难道不是要深刻得多，难道不是有关战争本身根源的问题吗？如果我们能够了解战争的根源，那么我们就可以从完全不同的视角来看待那些次要问题了；如果我们不了解，就会迷失在这些问题中。如果我们能将自己从战争的根源中解脱出来，那么可能次要问题就根本不会产生。

因此，重点必须放在：从一个人自己的内在去探究战争的根源；这样的探究需要每个人自己来完成，而不是由某个组织化的团体来进行，因为团体的行为容易导致草率的行为，仅仅是宣传和口号而已，而这只会滋生进一步的偏狭与冲突。这个根源必须由每个人自己去探究，进而通过自己直接的体验，从那个根源中解脱出来。

如果我们深入考虑这个问题，我们就能充分意识到战争的根源：狂热、恶意、愚昧、淫欲、世俗，对个人名望和长存的渴望，还有贪婪、嫉妒、野心，主权独立的国家主义、经济壁垒、社会派别、种族歧视和组织化的宗教。难道每个人不能对自己的贪婪、恶意和愚昧有所知觉，从而从中解脱出来吗？我们坚持民族主义，因为它是宣泄我们残暴和犯罪本能的出口；在我们的祖国或意识形态的名义下，我们就可以谋杀他人，或者免于惩罚，甚至成为英雄，而且，我们残杀越多的同胞，就能从国家那里得到越多的荣誉。

那么，从冲突和悲伤的根源中解脱出来难道不正是首要问题吗？如果我们不把重点放在这里，次要问题的解决又怎么可能终止战争呢？如果我们不根除自己内心战争的根源，仅仅去胡乱修补我们的内心状态导致的外在后果，那又有什么意义呢？我们每一个人都必须深挖内心并完全清除自身的贪婪、恶意和愚昧；我们必须彻底摒弃民族主义、种族主义，以及那些滋长敌意的根源。我们必须全身心关注这个首要问题，不要被次要问题所迷惑。

提问者： 你太让人沮丧了。我想寻求一些让生活继续下去的鼓舞，你却不用鼓励和希望的言辞让我们振作起来。难道寻求鼓舞也错了吗？

克里希那穆提： 为什么你想要寻求鼓舞呢？难道不是因为你内心空虚、孤独、没有创造力吗？你想要填满这种孤独，这种令人痛苦的空虚；你一定尝试过不同的方式去填满它，而你希望来到这里能让你再一次逃避它。掩饰荒芜的孤独，这个过程美其名曰"鼓舞"。鼓舞于是就仅仅变成了一种刺激而已；然而就像所有的刺激一样，它本身很快就会导致厌倦和不敏感。所以我们从一种鼓舞和刺激转移到另一种，每种刺激本身都会导致失望和疲惫；因此，心灵和头脑失去了柔韧性、敏感性；内在的那股张力在这个不断张弛的过程中损失殆尽。去探索就需要张力，但是需要放松的张力或者刺激很快就会丧失自我更新的能力，不再柔韧，也不再敏锐。那种敏锐的柔韧性无法由外在引发，只有当它不依赖刺激或者鼓舞时才会到来。

难道不是所有的刺激都具有相似的结果吗？无论你是喝酒，还是从一幅画、一个想法中得到刺激，无论你是参加一场音乐会还是一次宗教仪式，或是通过某种高雅或者粗俗的方式来激励自己，难道所有这些东西没有让你的头脑和心灵变得迟钝吗？貌似正义的愤怒，无论多么刺激、多么鼓舞人心，它本身就是一件荒谬的事，只会造成不敏感；难道不是最高形式的智慧、敏锐和感受力，才是体验真相所必需的吗？刺激滋生了依赖，而依赖，无论是否值得，都会造成恐惧。至于你是如何受到刺激或鼓舞的，无论是通过有组织的教会或者政治活动，还是娱乐消遣，都无关紧要，因为结果都是一样的——恐惧和依赖导致了不敏感。

娱乐消遣变成了一种刺激。我们的社会大力助长着娱乐消遣，各种形式的娱乐消遣。我们的思想和感情，本身已经变成了一个偏离核心、偏离现实的过程。所以，想要退出各种娱乐消遣，是极其困难的，因为我们已经变得几乎没有能力毫无选择地觉察"现状"了。于是冲突产生了，进一步分散了我们的思想和感情,而只有通过不断地觉察,思想和感情才能从娱乐的罗网中解脱出来。

此外,谁能给你欢乐、勇气和希望?如果我们依赖他人,不管他有多么伟大和高贵,我们都会彻底迷失,因为依赖会滋生占有欲,其中就有着无尽的挣扎和痛苦。欢乐和幸福本身不是目的;它们就像勇气和希望一样,是探寻某些目标时的附带收获。这个目标才是需要我们勤劳而耐心地探寻的,而唯有通过探索它,我们的混乱和苦痛才能止息。这条发现之路就在你自己身上;此外的任何一条道路都是一种偏离,只会导向愚昧和幻相。这段内心的旅程绝不是为了某个结果,也绝不是为了解决冲突和悲伤而走的,因为探索本身就是奉献,就是鼓舞。此时旅程本身就是一个揭示真相的过程,就是一种不断解放和充满创造力的体验。当你不去追求灵感的时候,灵感才会到来,这一点你难道没有注意到吗?当所有的期望都止息下来,当你的心灵和头脑寂然不动,灵感才会到来。你所追寻的,都是自我的产物,因而并非真实。

孟买　1948年3月7日

提问者： 如果战争爆发，你建议我们做什么？

克里希那穆提： 与其寻求建议，倒不如我们一起来探究一下这个问题，好吗？因为给出建议非常容易，但是那并不能解决问题。如果我们一起来探究这个问题，那么或许我们就能明白当战争爆发时该如何行动了。那必须是直接的行动，而不是基于别人的建议或者权威，那些东西在危机到来时就显得太愚蠢了。当危机来临，追随别人将会导致我们自身的毁灭。归根结底，在战争这样的危急时刻，你正被引向毁灭；但是，如果你知道战争的所有含义，看清了它的举动，知道它是如何产生的，那么当危机产生的时候，你就可以直接而正确地行动，无需寻求建议，也无需追随别人。这并不意味着我在试图通过不直接回答你来避开问题。我没有回避问题。相反，我正在向你展示，当这种可怕的灾难降临人类，我们可以做出品德高尚的——而非"道貌岸然的"——行为。

那么，如果战争爆发，你会怎么办？作为一个印度教徒，或者一个印度人、一个德国人，抱着民族主义、爱国主义的态度，你自然会投身军队，不是吗？因为透过宣传，透过那些可怕的画面以及诸如此类的东西，你会受到刺激，你随时准备加入战斗。受到爱国主义、民族主义、经济壁垒或者所谓爱国心的制约，你立刻就会有想要战斗的反应。所以你不会有任何问题，对吗？只有当你开始质问战争的根源时，你才会遇到问题——战争绝不仅仅出于经济上的原因，而更多的是心理上和意识形态上的原因。

当你开始质问战争的整个过程，质问战争是如何产生的，那么你就必须直接对你自己的行为负责。因为只有当你在与他人的关系中制造冲突的时候，战争才会产生。毕竟，战争就是我们日常生活的投射——只是更加惊人，更具破坏性罢了。在日常生活中，我们通过自己的贪婪、民族主义、经济壁垒等等事物在杀戮、破坏、残害着成千上万人。所以战争就是你日常生活的延续，只不过更骇人听闻；而一旦你直接质问战争的根源，你就是在质问你与他人的关系，换言之，你就是在质问你的整个存在，你的整个生活方式。

如果你在以智慧的方式探询，而不只是浮光掠影，那么当战争爆发时，你就会依据你的探询和了解作出反应。一个和平的人——不是因为某种非暴力的理想，而是他确实摆脱了暴力——战争对他而言就没有任何意义。显然他不会参与其中；他很可能会因为不参战而被枪毙，但是他接受这样的后果。至少，他不会参与到冲突中来——但这并不是出于理想主义。理想主义者是回避即刻行动的人。在寻求非暴力的理想主义者是无法摆脱暴力的，因为我们的整个生活都是基于冲突和暴力的。如果此刻、今天我不了解自己，那么假如明天灾难降临，我怎么可能作出正确的行动呢？我本身就贪得无厌，受到了民族主义以及所属阶级的制约——你知道这整个过程——我，这个受制于贪婪和暴力的人，在灾难面前怎么可能摆脱贪婪和暴力去行动呢？我自然还是会很暴力。同时，当战争来临，许多人会喜欢战争带来的好处：政府会照顾我，会供养我的家庭，而且我也脱离了上班以及种种无聊的生活琐事这些日常的例行公事。因此战争是一场逃避，对很多人而言，它提供了一种轻松地推卸掉责任的办法。你有没有听过许多士兵的说法？"谢天谢地，这真是残忍的勾当，但至少让人兴奋。"同时，战争提供了一个让我们的犯罪本能得以宣泄的出口。我们在自己的日常生活中，在生意场上，在人际关系中，都犯下了罪行，但那都是地下的，被小心翼翼地掩盖了起来，覆上了一袭道貌岸然的外衣和一些被合法化的认可；而战争给了一个让我们从虚伪中解脱的机会——我们终于可以名正言顺地施暴了。

所以，当战争爆发时你会如何行动，这取决于你，取决于你当时的情形，取决于你的存在状态。对一个深受暴力制约的人说"你绝不能参战"，根本毫无意义。告诉他不要去战斗，这纯粹是浪费时间，因为他所受的制约就是去战斗，他热爱战斗。但是，我们这些态度认真的人可以审视一下自己的生活，我们可以发现，我们在日常生活中就是暴力的，在我们的言语、思想、行为和感受中，暴力无处不在。而我们是可以摆脱那种暴力的，不是因为某种理想，也不是要向非暴力转变，而是通过实实在在地面对它，只是单纯地觉察它；那么，当战争来临，我们就能做出正确的行动。一个总是在追求某种理想的人，一定会错误地行动，因为他的反应正是基于挫折的。然而，如果我们能够觉察自己日常生活中的思想、感受和行为——不去谴责它们，而只是觉察它们——那么，我们就能把自己从爱国主义、民族主义、旗帜挥舞这一类腐朽的事物中解放出来，这些事物正是暴力的象征。而当我们获得自由的时候，就会知道当战争这样的危机来临时，我们应当如何正确地行动了。

提问者：一个憎恶暴力的人可以加入一个国家的政府吗？

克：请问，何为政府？毕竟，政府就是我们的样子，就代表着我们的样子。在所谓的民主里，无论那是什么意思，我们选出那些与我们相似、我们喜欢的人，那些嗓门最大、头脑最聪明或者诸如此类的人，来代表我们。因此，政府就是我们实际的样子，不是吗？而我们什么样呢？我们不过是一堆受限的反应——暴力、贪婪、嫉妒、占有欲、权力欲等等。所以,政府自然就是我们的样子,就是另一种形式的暴力;而一个生命中完全没有任何暴力的人,怎么可能属于——无论是名义上还是实际上属于——某个暴力的机构呢?真相和暴力——也就是我们所谓的政府——能共存吗?一个在探寻或者体验真相的人,可能和主权政府、民族主义、意识形态、党派政治、权力体系发生任何关联吗?和平的人以为,通过加入政府,他就能对世事有所帮助。但是,等他加入了政府会怎么样?那个结构是如此强大,以至于将他完全吞没,他什么也做不了。先生,这是一个事实,是这个世界上真实发生的事情。当你加入一个政党,或者支持国会选举,你就必须接受这个政党的路线。于是你就停止了思考。一个将自己交付给别人的人——无论是交付给一个政党、一个政府,还是一个古鲁①——他怎么可能找到真相呢?一个探寻真理的人,怎么可能与强权政治发生任何关联?

你瞧,我们问这些问题,是因为我们喜欢依赖外界的权威,依赖环境来改变自己。我们希望各种领袖、政府、党派、体制以及行动模式能或多或少改变我们,为我们的生活带来秩序和安宁。毫无疑问,这就是所有这些问题的根基,不是吗?然而,他人,无论是一个政府、一个古鲁还是一个

---

① 古鲁,上师。——译者注

魔鬼，可以带给你和平与秩序吗？他人会带给你幸福和爱吗？当然不会。只有当我们彻底了解了我们自己造成的那些混乱，不是口头上说说而是内心有了真正的了解，和平才可能出现；显然只有去除了那些混乱和争端的根源，才会有和平与自由。但是，我们没有去除这些根源，却指望某些外在的权威给我们带来和平，而外在世界总是会被我们的内心世界所征服。只要我们心中还有冲突，还在寻求权力、地位等等，无论这些东西构建得多么牢靠、多么漂亮而又秩序井然，我们内心的混乱都始终会将它战胜。因此毫无疑问，我们必须注重内心，而非仅仅寄望于外在。

班加罗尔 1948年7月11日

提问者：我们怎样才能解决当今世界上的政治乱局和危机呢？一个人有没有什么能做的事情来阻止战争的发生呢？

克里希那穆提：战争是我们日常生活骇人而血腥的投射。战争只不过是我们内心状态一种外化的表现，是我们日常行为的扩大。它更为浩大，更为血腥，更具破坏性，但它是我们的个人行为集体展现的结果。因此你和我都对战争负有责任，而我们能做些什么来阻挡它吗？显然，战争不可能由你我阻止，因为它已经发动了起来；战争已然发生了，尽管还是主要发生在心理层面上。在观念的世界里，战争已经开始，尽管它得花些时间才会摧毁我们的身体。既然战争已经发动了起来，它停不下来了——牵扯的问题太多、太大，已经无法挽回。但是你和我，看见屋子已经着火了，是能够了解起火的原因的，可以远离火场，然后选择另一种不易燃、不会再导致战争的材料，在另一个地方重新建造。我们所能做的只有这些。

你和我都看到了是什么在制造战争，如果我们对制止战争有兴趣，我们就可以从改变我们自身做起，我们自己就是战争的根源。那么，是什么造成了战争，无论是宗教、政治还是经济上的战争？显然，是信仰，无论是信仰民族主义，信仰某种意识形态，还是信仰某种特定的教义。如果我们不抱任何信仰，而是彼此之间抱有善意、爱和关怀，那么战争将不复存在。然而我们都是被信仰、观念和教条喂养大的，因此心中滋长了不满。现在的危机有其独特的本质，身为人类的我们，要么走上一条冲突和战争不断的道路——战争就是我们日常行为的产物——要么看清战争的根源，从而摒弃这些根源。

战争的根源就在于我们对权力、地位、名誉和金钱的欲望，还有所谓的民族主义、旗帜崇拜、组织化的宗教、教条崇拜等等弊病。这些都是战争的根源；如果你作为一个个体，隶属于任何一个有组织的宗教，如果你对贪求权力，如果你心怀嫉妒，你就必然会造就一个走向灭亡的社会。所以，这一切同样都取决于你，而非任何领袖，既不是斯大林，也不是丘吉尔，等等诸如此类。一切就取决于你我，但是我们似乎还没有意识到这一点。一旦我们真的感到要为自己的行为承担起责任，我们很快就可以让所有战争终止，让这场可怕的不幸结束！但是，你瞧，我们无动于衷。我们享有一日三餐，拥有自己的工作，有自己大大小小的银行账户，我们会说："看在老天份上，不要打扰我们，别管我们。"我们的地位越高，就越希望安全、长久、安宁，我们就越希望不受打扰，一切都维持现状。但是这做不到，因为没有任何东西能够维持，一切都在分崩离析。我们不想面对这些事情，我们不想面对"你我都对战争负有责任"这个事实。你和我或许会谈论和平，举行会议，绕着圆桌围坐一圈，讨论一下；但是从内在、从心理上，我们却渴望权力、地位，我们被贪婪所驱使。我们密谋，我们抱定民族主义，我们被信仰、教条所束缚，甚至愿意为之而死，为之毁灭对方。你认为，像你我这样的人，能够拥有世界和平吗？想要拥有和平，我们自己就必须变得和平。和平的生活，就意味着不要制造对抗。和平不是一种理想。在我看来，理想仅仅是对事实的一种逃避、一种回避、一种对立。理想阻挠着我们对事实真相采取直接的行动。但是想要拥有和平，我们必须要去爱，必须要去开始，不是过一种理想的生活，而是要如实地看待世事，对它采取行动，改变它。只要我们每一个人都在寻找心理上的安全感，那么我们需要的身体上的安全——食物、衣物、屋宇——都将被破坏。我们在寻求心理安全，而它并不存在；我们竭尽所能地通过权力、地位、声誉、名望寻找心理安全——而这些东西都会毁掉我们身体上的安全。这是显而易见的事实，如果你留心观察的话。

因此，若要给世界带来和平，若要制止所有的战争，个人内心、你我的内心就必须发生一场革命。若没有这场内在的革命，经济革命就没有任何意义，因为饥荒就是我们的心理状态——贪欲、妒忌、恶意，以及占有欲——所造成的经济失调的产物。想要终结悲伤、饥荒和战争，我们的内心就必须掀起一场革命。然而，我们当中很少有人愿意面对这一点。我们会谈论和平，计划立法，创建新的联盟，建立联合国，诸如此类；但是我们不会赢得和平，因为我们不愿放弃我们的地位、权威、金钱、财产，还有我们愚蠢的生活。依赖他人是徒劳无益的，他人不可能给我们带来和平。没有哪个领导人能给我们和平，也没有这样的政府、军队、国家。能带给我们和平的是内心的转变，而那将会促成外在的行动。内心的转变不是孤立，它不是从外在行为中退缩。相反，其中有正确的思考。但是，如果没有自我了解，就不会有正确的思考。如果你不能认识自己，和平也无法存在。

想要结束外在的战争，你必须首先结束内心的战争。你们中的一些人会摇摇头，说："我同意。"可出去之后，还是会继续做着跟过去十几二十年完全一样的事情。你的赞同只不过是口头上说说而已，那毫无意义，因为世界上的苦难与战争，不会因为你随便赞同一下就停止。只有当你真正意识到其中的危险，意识到自己的责任，当你不将它推卸给别人的时候，这些苦难与战争才会终结。如果你看到了这种痛苦，明白必须刻不容缓地行动起来，不再拖延，那么你就会改变自己；唯有当你自己保持和平，与邻人和平相处时，和平才能到来。

提问者：家庭就是一个由我们的爱与贪婪、自私与分别心搭建起来的框架。在你对事情的谋划里，家庭有什么样的位置呢？

克：我对事情没有谋划。看看我们对生活的看法是何等荒谬！生活是鲜活的，变动不居，充满活力，你不能将它放到一个框架里去。知识分子才会将生活放到某个框架里去，谋划着如何让生活体制化。我没有什么框架，但我们可以来看看这些事实。首先，我们与他人发生着关系，无论是我们与妻子、丈夫，还是与孩子的关系，这是事实——我们将这种关系称作家庭。我们来审视一下当前的事实，而不是我们希望家庭应当如何。任何一个人都会对家庭生活抱有某种设想，但是，如果我们能够观察、审视、了解我们当前的事实，也许我们就能改变这个事实。然而，如果只是用一套动听的辞藻——比如责任、义务、爱——来掩盖事实的话，那就什么意义都没有。因此，让我们来审视一下我们所谓的家庭。想要了解某件事情，我们就必须审视现状如何，而不能用甜美的辞藻来掩饰它。

你们所谓的家庭是什么？显而易见，它是一种亲密的、相互交融的关系。然而，在家庭中，在你们夫妻双方的关系中有交融存在吗？毫无疑问，那就是关系的含义。关系意味着没有恐惧的交流，可以自由地彼此了解、直接沟通。显然，这就是关系的含义——与另一个人互相融合。你是这样的吗？你与妻子是互相融合的吗？或许，你们只有肉体上的交流，但那不是关系。你和你的妻子生活在一堵隔墙的两边，不是吗？你有你的追求、你的野心，她也有她的。你在墙后生活，偶尔越过墙头，看看对方，而这就是你所谓的关系。你可以扩大这面墙，软化它，引入一套新的词汇来描述它，但实际的状况却是——你和另一个人都生活在孤立之中，而那种孤立的生活就是你所谓的关系。

然而，如果两个人之间有了真正的关系，也就是说两人之间有着交融，那么这其中有了非常重要的意义。这样才没有孤立，才有爱，而非责任或义务。正是孤立地生活在高墙背后的那些人，在大谈义务和责任。而一个爱着的人不会谈论责任——他就是爱着。因此，他可以与别人分享自己的喜悦、悲伤和财富。可我们的家庭是这样的吗？你与妻子、孩子们有直接的交融吗？显然没有。所以家庭只不过是个借口，让你得以延续自己的姓氏或传统，满足你的性需求或者心理上的需求。家庭变为了自我延续的手段，这也是一种不朽、一种永恒。同时，家庭被当成了得到满足的手段。在商界、在政界、在社交界，我冷酷无情地盘剥人，但是在家里我却努力变得温和慷慨。真是荒谬！又或者，外面的世界让我难以承受；我想得到片刻安宁，于是我回到家里。我在这个世界上承受了太多苦难，然后我回到家，试图找到些许慰藉。因此，我把关系当作自我满足的手段，我不希望它受到任何打扰。

我们的家庭里有的是孤立，而不是融合，所以才没有爱。而爱和性是两回事，我们改天再谈这个问题。我们也许在孤立中发展出一种无私、奉献、仁爱的形式，但始终躲在墙背后，因为我们总是关心自己胜过关心别人。如果你关心别人，如果你跟你的妻子或丈夫之间有着真正的交融，进而对你的邻居保持开放的态度，那么这个世界就不至于这么悲惨。这就是为什么孤立中的家庭成为了对社会的威胁。

那么，如何才能打破这种孤立呢？要打破它，我们一定要先意识到它，绝不能把这个问题高高挂起，或者说它不存在。因为孤立确实存在，这是一个显而易见的事实。觉察你是如何对待你的妻子、丈夫、孩子的，也觉察冷酷无情、传统观念和错误的教育。你是不是想说，只要你爱自己的妻子或者丈夫，就会给这个世界造成冲突和痛苦？那是因为你根本不知道要如何去爱你的妻子、丈夫，你也不知道如何去爱上帝。你想找到上帝，但只是把上帝当成了让自己更孤立的手段，进一步得到安全感的手段。毕竟，上帝就是终极的安全感。然而，这种追求，并不是为了找到上帝，而只是一种庇护、一种逃避。想要找到上帝，你就必须懂得如何去爱周遭的人、树木、花鸟，而不是上帝。然后，当你知道如何去爱，你才会真正懂得热爱上帝的含义。你如果不能爱他人，不知道彼此完全交融意味着什么，那么，你就不可能与真理融为一体。但是你看，我们心里并没有想着爱，我们也不关心跟别人的交融。我们只想得到安全感，无论是通过家庭、财产还是各种理念；而一旦心灵在寻求安全感，它就永远无法懂得爱。爱是最危险的事，因为当我们爱着某个人的时候，我们是非常脆弱的，我们是完全敞开的；而我们不希望自己敞开和脆弱。我们希望封闭自己，更轻松地蜷缩在自己的内心世界里。

要让我们的关系发生转变，不是一个立法问题，也不是遵照条例强制执行的问题。想要在关系中发生一场根本性的转变，我们就必须从自己入手，观察你自己，看看你是如何对待自己的妻儿的。你的妻子是个女人，仅此而已——可她就要像门口的擦鞋垫一样被使唤！我想你根本没有意识到当今世界处于怎样一个毁灭性的境地，否则你就不会对这一切如此漠不关心。我们正处在悬崖边缘——无论道德上、社会上，还是精神上。你没有看到房子已经着火了，而你就住在里面。如果你知道房子已然失火，你已经处于悬崖边缘，那么你就会行动起来。但不幸的是，你过得满足、舒服，内心恐惧，所以你变得迟钝、倦怠，只想要即刻的满足。你纵容事态的发展，因而整个世界正大难临头。这不是威胁，而是千真万确的事实。在欧洲，战争已经发动起来——战争，战争，战争，土崩瓦解，岌岌可危。影响着别人的东西终究会影响你。你对别人是负有责任的，你不能闭上双眼，然后说："我在班加罗尔是安全的。"这显然是鼠目寸光的愚蠢想法。

家庭变成了一种威胁，丈夫和妻子、父母和孩子之间隔绝孤立，因为这样的家庭助长了更普遍的孤立；然而，一旦家中这些孤立的围墙被打破，你就不但能够和你的妻子儿女融为一体，你还能与你的邻居和衷共济。此时家庭不再是封闭的、局限的，它不再是避风港、避难所。因此，问题不在别人身上，就在我们自己身上。

浦那 1948年9月1日

提问者： 鉴于目前的战争和人类可能面临的核灾难，仅仅把注意力集中于个人的转变，难道不是徒劳无益的吗？

克里希那穆提： 这是一个非常复杂的问题，需要格外小心的探究。我希望你们有耐心，和我一起一步步地探究下去，不要半途而废。战争的根源显而易见，哪怕一个小学生都能看出来——因为贪婪、民族主义、追逐权力，因为地理上和国家上的划分、经济冲突、主权国家、爱国主义，还有某种意识形态，无论左派右派，都想把自己强加给对方，等等。这些根源都是你我造成的。战争是我们的日常生活骇人听闻的表现形式。我们把自己划归一个特定的国家、宗教团体或者人种，因为这些东西给了我们一种权力感，而权力总是难免招来祸端。你我要对战争负责，而不是希特勒、斯大林，或者别的什么超级领袖。说那些资本家和疯狂的领导人应该对战争负责，倒是很省事。然而，每个人内心里都想要变得富有，人人都渴慕权力。这些就是战争的根源，你我都对此负有责任。

我想这一点是显而易见的：战争是我们日常生活的结果，只是更加惊人、更加血腥。因为我们所有人都想要积聚财富、囤积钱财，我们自然就会建立一个遍布对立阵营、边界线和贸易壁垒的社会；当孤立的国家之间发生冲突的时候，战争就是必然的结果——这是事实。我不知道你究竟有没有想过这个问题。我们都面临战争，难道不是必须找出谁对战争负有责任吗？毫无疑问，一个心智健全的人会知道他自己就有责任，而且他会说："瞧，就是我造成了这场战争。所以我不会再属于哪个国家，我不再抱持爱国主义，也没有国籍。我不再是一个印度教徒、穆斯林，或者基督教徒，而只是人类的一员。"这需要一种清晰的思考和洞察，而这是我们大多数人都不愿面对的。如果你个人反对战争——但不是出于什么理想，因为理想只会阻碍直接的行动——那你会做些什么？一个反对战争、头脑清醒的人，他会做些什么？首先，他必须净化自己的心灵，让他自己从战争的根源，比如贪婪中解脱出来。因为你要对战争负责，所以重要的是你必须让自己摆脱战争的根源。换言之，你必须首先终止自己的国家主义。你愿意这么做吗？显然不愿意，因为你喜欢被称作印度教徒、婆罗门，或者无论什么标签。这表示你崇拜这个标签，你宁可为它牺牲自己理智清醒的生活；因此你正走向灭亡，无论你喜欢与否。

如果一个人想让自己摆脱战争的根源，他该怎么办？他要如何制止战争？贪婪的动力、民族主义的声势，每个人都把这些发动了起来——这一些能终止吗？显然，这不可能。战争无法停止，除非俄国、美国，还有我们所有人，都立刻改变自己，不再抱持民族主义，不再作为俄国人、美国人、印度教徒、穆斯林、德国人或者英国人，而就是人类而已；我们会成为相互关联的人类，大家都想幸福地生活在一起。如果战争的根源从心灵和头脑中彻底根除，战争也将不复存在。但是，权力依旧有着巨大的影响力。我会给你们举一个例子。如果一栋房子着了火，我们应该怎么办？当然是先竭尽所能去救火，然后才是研究起火的原因。我们去找到恰当的墙砖、适合的耐火材料，运用改良的建筑结构等等，然后重新造一栋。换言之，我们要舍弃原来那栋着火的房子。同样的，当文明正土崩瓦解、自我毁灭的时候，清醒的人发现自己对此爱莫能助，他们就会去建立一个不会失火的新文明。毫无疑问，这才是我们唯一的出路，也是唯一理智的做法——而不只是改造一下旧的，或者修补一下着火的房子。

现在，假如我要在这个集会上或者别的什么地方，将那些认为自己已经完全摆脱了战争根源的人全部集中起来，那会发生什么情况？也就是说，和平是可以组织起来的吗？看看这句话的含义，看看在组织和平的过程中会掺杂什么东西。战争的根源之一就是对权力的渴望——无论个人的、集体的，还是国家的权力。如果我们为了和平组织起来，那会发生些什么？我们变成了权力的焦点，而对权力的追逐正是战争的根源之一。一旦我们为了和平组织起来，我们就必然会招来权力，而当我们拥有权力的时候，我们同样是在制造战争的根源。那我该怎么办？我看到了战争的根源之一就是权力，那么我要抵制战争吗？那就意味着会招来更多的权力。在反对的过程中，我不就是在制造权力吗？因此，我的问题是完全不同的。这不是组织的问题。我不会对哪个组织讲这个问题，而只是和你们每一个人在交流，跟你们指出战争的根源。你和我是独立的个体，我们必须认真思考这个问题，而不把它推给别人。毫无疑问，就像在家庭中一样，当彼此有爱、有关怀的时候，我们不需要为和平组织起来。我们需要的是互相理解、互相合作。在没有爱的环境里，战争必然会存在。

想要了解战争这个复杂的问题，我们必须简单直接地探究它。简单直接地探究它就是要了解自己和世界的关系。如果在那个关系之中有一种权力感、一种支配欲，那么这种关系必然会造出一个以权力和控制为基础的社会，从而引发战争。对此我可能看得非常清楚，但是如果我告诉十个人这件事，然后将他们组织起来，那么我干了一件什么样的事？我也制造出了权力，不是吗？我们不需要组织，组织也是引起战争的权力因素。必须是一个一个的人在反对战争；而当你把他们凑成一个组织，或者作为某个信条的代言人时，你就和战争贩子如出一辙了。我们大部分人都满足于空洞的言辞，依赖毫无意义的言辞为生。但是如果我们非常深入、非常清晰地审视这个问题，那么问题本身就会给出答案，你不必刻意去寻找。因此，我们每一个人都必须明了战争的根源，而且每个人都必须彻底摆脱它们。

提问者：与其在"存在"和"成为"之类的问题上费尽口舌，你为什么不投身到对这个国家的一些迫切问题的解决中来，给我们指一条出路？你的立场是什么，比如，在印度教徒与穆斯林的统一问题上，在巴基斯坦与印度的睦邻友好问题上，在婆罗门与非婆罗门的对立问题上，你的立场是什么？如果你能给这些难题一个有效的解决之道，那才是一项巨大的贡献。

克：印度教徒与穆斯林是否应当统一，与全世界其他人所面临的那些问题，都是相似的。它们是非常棘手的问题吗？——还是它们都是非常幼稚、不成熟的问题？毫无疑问，我们早该成熟起来，不再玩这种幼稚的把戏了；而你就把这些东西称为如今迫在眉睫的问题吗？当你自称印度教徒，说自己属于某个特定的宗教，你不就是在为空洞的言辞而争讼不休吗？你所谓的印度教徒是什么意思？不过是一大堆信仰、教条、传统和迷信而已。宗教是一件信仰上的事情吗？毫无疑问，宗教是对真理的探求，而宗教人士绝不是抱有那些愚蠢观念的人。一个探寻真理的人才是宗教人士，他不需要什么标识——比如印度教徒、穆斯林或者基督教徒。而为什么我们要给自己冠以这些称谓呢?因为我们根本不是真正的宗教人士。如果我们内心有了爱,有了慈悲,我们就丝毫不会关心什么自我称谓——而那**才是**宗教。正是因为我们内心空虚,所以才会被一些幼稚的东西填满——而那就是你所谓急切无比的问题!毫无疑问,这种做法非常幼稚。到底该允许婆罗门还是非婆罗门——这些就是迫在眉睫的问题吗?还是你只是拿它们做挡箭牌来掩饰自己?说到底,谁才是婆罗门?毫无疑问,绝不是那些披着圣袍的人。婆罗门是一个已有领悟的人,是在社会上没有权威、独立于社会、没有贪念的人,是不求权力、置身于一切权力之外的人——这样的一个人才是婆罗门。你我是这样的人吗?显然不是。那为什么还要给自己冠上一个毫无意义的标签?你用那个标签来称呼自己,因为那有利可图,它能在社会上给你带来一席之地。一个清明的人不会属于任何群体,他不会为自己争取社会地位——那只会导致战争。如果你真的头脑清醒的话,就不会理会自己有何种称谓,也不会膜拜某个标识。但是,当你心灵空虚的时候,这些标识和称谓就变得重要了。因为你内心空虚,充满恐惧,才愿意去杀害别人。这个印度教徒和穆斯林的问题,真是荒诞至极。你见到一些不成熟的人正在制造一大堆烂摊子,你会怎么办?当头棒喝没有用。要么你试着帮助他们,要么你置身事外,完全随他们继续把事情搞得一团糟。他们喜欢自己的玩具，所以你全身而退，然后重建一种新文化、一个新社会。民族主义是毒药，爱国主义是麻醉剂，而世界上的种种冲突不过是逃避人与人之间直接关系的一种渠道。如果你知道了这些，你还会沉溺其中吗？如果你清楚地看到这一切，就不会再有印度教徒与穆斯林之分。那么我们的问题就变得重大多了，而当我们面对生活中真正的问题时，我们就不会因此迷失在那些愚蠢的问题之中了。

生活中这些真正的问题近在咫尺，就存在于你和我、丈夫和妻子、你和邻居之间的战争之中。我们通过我们每个人的生活制造了这场乱局，制造了婆罗门和非婆罗门、印度教徒和穆斯林之间的这些纷争。你和我都助长了这场混乱，并且是我们，而不是某些领导人，对此负有直接的责任。因为这是我们的责任，我们必须行动起来；若要行动，我们就必须正确地思考；而若要正确地思考，我们就必须抛开那些幼稚的东西，我们过去的所有知识都是那么虚妄，毫无意义。若要成为成熟的人，我们就必须抛弃这些荒唐的玩具——民族主义、宗教组织，以及从政治上或宗教上去追随别人。这就是我们的问题。如果你真的非常热切，认真对待这一切，那么你自然就会放弃自己幼稚的行为，不会再为自己贴上国籍、政治、宗教之类特定的标签；只有到那个时候，我们才能拥有世界和平。但是，如果你只是来随便听听的话，走出这里后,你就还是会完全照搬过去的那套做法。我知道你们在笑——这就是悲剧所在。你对制止战争不感兴趣,你对世界和平也没有真正的兴趣。

我们都已处在悬崖边缘。人类所信任的这整个文明或许将被摧毁,而我们所创造、所精心培育的万事万物——一切如今都已危在旦夕。人若要拯救自身于悬崖边缘,就必须发生一场真正的革命——不是一场血腥的革命,而是一场内心重生的革命。如果没有自我认识,重生就不可能发生。如果你不了解自己,你就什么也做不了。我们必须重新思考每一个新问题;为了做到这一点,我们必须让自己从过去之中解脱出来,换言之,就是思想过程必须终止。我们的问题就是要了解当今可怕的现实,以及无法避免的灾难与不幸——我们必须重新面对这一切。如果我们只是延续过去,如果我们利用思想过程来分析现在,那么就不可能有任何崭新的事物。这就是为什么说,要了解一个问题,思想过程就必须止息。当心灵安宁静谧、寂然不动的时候——唯有此时,问题才能解决。因此了解自己非常重要。你我必须成为世间的中流砥柱,来弘扬新的思想、新的幸福。

孟买 1950年2月19日

提问者：借助联合国和世界和平会议这样的运动，全世界的人都在做出自己个人以及集体的努力，来防止第三次世界大战的爆发。你所做的努力与他们有何不同，你又是否希望达到某些可观的成效？战争能够被阻止吗？

克里希那穆提：我们先处理好那些显而易见的事实，然后再来深入探究这个问题。我们能够阻止战争吗？你是怎么认为的？人类热衷于互相残杀，你也热衷于屠杀自己的邻人——也许不是用真刀真枪，而是你从政治上、宗教上和经济上盘剥着他们。社会上、群体中、语言上到处四分五裂，而你不就在为这一切添砖加瓦吗？你并不希望阻止战争，因为你们中的某些人将会大发其财。精于算计的人会发财，而那些脑子不灵光的人也想赚更多的钱。看在老天的份上，看看这其中的丑陋和无情吧！当你抱定了不计代价赚钱盈利的目标时，结果就已经注定。第三次世界大战产生于第二次世界大战，第二次世界大战脱胎于第一次世界大战，而第一次世界大战是之前无数战争的结果。除非你终结了战争的根源，否则只是胡乱修补一下表面的乱象没有任何意义。战争的根源之一就是民族主义、主权政府，以及随之而来的各种丑陋——权力、声誉、地位和权威。但我们大多数人都不想结束战争，因为我们的生活不完满，我们的整个生命就是一个战场，一场无尽的冲突，不只是和你的妻子、丈夫、邻居，而且我们自己也征战连连——不停地努力想要成为某某人物。这就是我们的生活，战争和氢弹只不过是这种生活更为暴烈和骇人的投射。只要我们不了解我们生活的全部含义并实现一场根本的转变，世界上就不可能有和平。

而第二个问题要难多了，需要你付出更多的注意力——但这并不是说第一个问题不重要。我们大多数人都极少关注改变我们自己这个问题，因为我们不**希望**被改变。我们满足于现状，不希望受到打扰。维持原样生活下去，我们就心满意足了，而这就是为什么我们会送自己的孩子上战场，为什么我们必须进行军事训练的原因。你们都想保住自己的银行账户，紧抓自己的财产不放——这些都冠以非暴力的美名，冠以上帝与和平之名，而这实际上就是一堆假装神圣的无稽之谈。我们所说的和平是什么意思？你说联合国正试图通过把它的成员国组织起来，以期建立和平，也就是说它在平衡权力。而这就是在追求和平吗？

还有一种做法，那就是围绕某个他们所认为的和平理念，把个人聚集起来。也就是说，一个人抵制战争，要么是依据他的道德信仰，要么是依据他的经济观念。我们把和平要么放在一个理性基础上，要么放在一个道德基础上。我们说我们必须拥有和平，因为战争无利可图，这就是经济上的理由；要么我们说我们必须拥有和平，因为杀戮是不道德的，是亵渎神明，而人类本身具有神性，决不能被杀害，等等。所以关于为什么不能有战争，我们有着所有这些解释；关于和平，一方面有着宗教、道德、人道主义或者伦理上的理由，另一方面则是理性、经济或者社会方面的理由。

然而，和平是一件头脑上的事情吗？如果你的和平有个原因，有个动机，那会带来和平吗？如果我克制自己不去杀你，只是因为我认为杀人不道德，那是和平吗？如果为了经济上的原因，我不去参军，因为我认为那无利可图，那是和平吗？如果我的和平奠基于某个动机、某个原因之上，那能带来和平吗？如果我爱你，是因为你很美，因为你从身体上取悦我，那是爱吗？这个问题真的很重要。我们大多数人都是这样培养自己的心智的，我们是如此理性，以至于我们希望找到不去杀戮的理由，理由就是原子弹骇人听闻的毁灭性，道德上和经济上支持和平的论据，等等诸如此类。我们以为我们支持不杀戮的理由越多，和平就越多。可是你借助某个理由就能拥有和平吗？和平能被归结成一个理由吗？那个理由本身不就是冲突的一部分吗？非暴力、和平是一个要通过逐步的进化过程，去追求和最终达到的理想吗？这全是些理由和合理化的解释，不是吗？

所以，如果我们真的认真思考过，那么我们的问题实际上就变成了：和平是某个理由的产物和结果呢，还是说，和平是一种存在状态，不是将来也不是过去，而是此刻的存在状态？如果和平，如果非暴力只是一个理想，那么毫无疑问它表示你现在实际上是暴力的，你并不和平。你**希望**变得和平，你也举出了你为什么**应该**和平的理由；而由于你满足于那些理由，你于是继续保持着暴力。实际上，一个想要和平的人，一个看到了和平的紧迫性的人，是不会抱有关于和平的理想。他不会为变得和平而努力，而是看到了和平的紧迫性，看到了和平的真相。只有看不到和平的重要性、紧迫性和真相的人，才会把非暴力变成一个理想——而这实际上只是在拖延和平。这就是你们实际在做的事情：你们都膜拜和平的理想，同时又享受着暴力。你们笑了，你们很容易就能被逗乐。这是另一种娱乐，而当你离开这场集会，你就会原封不动地继续以前的生活！你指望通过轻率的讨论和随意的谈话就能拥有和平吗？你不会拥有和平的，因为你不想要和平，你对此不感兴趣；你没有看到现在——而不是明天——就拥有和平的重要性、紧迫性。只有当你完全不再抱有和平的理由时，你才会拥有和平。

只要你有一个活着的理由，你就没有活着，对吗？只有不存在任何理由、任何原因时，你才活着——你就是在活着。同样，只要你对和平抱有一个理由，你就没有和平。为和平发明出理由的心智身陷冲突之中，这样的一颗心会为世界造成混乱和冲突。拜托好好想一想，你会明白的。为和平发明出理由的心怎么可能和平呢？你可以怀揣非常机巧的观点和反驳的论据，但心智的结构本身不就奠基于暴力吗？心智是时间的产物、昨天的产物，因而它始终与现在冲突连连；然而，真正想要和平的人在此刻是没有任何理由的。对于和平的人来说，和平的动机并不存在。慷慨有动机吗？当你的慷慨有个动机时，那还是慷慨吗？当一个人摒弃俗世是为了获得上帝，为了找到更伟大的东西时，那还算是摒弃吗？如果我放弃这个是为了找到那个，我真的放弃了任何东西吗？如果我为了各种各样的原因而保持和平，那我找到和平了吗？

所以，和平难道不是一样远远超越了心智及其诸多发明的东西吗？我们大部分人，大多数笃信自己宗教的人，都是借助理由、戒律和遵从来趋近和平的，因为他们没有直接洞察和平的急迫性和真相。和平，那种和平的状态，并非死水一潭；恰恰相反，那是一种极其活跃的状态。但心智只能知道它自身产物的活动，也就是思想；而思想绝不可能是和平的。思想就是悲伤，思想就是冲突。由于我们只知道悲伤和痛苦，我们试图找到超越它的途径和手段。然而，心智无论发明出什么，都只会进一步增加它自身的苦难、冲突和纷争。你会说，只有极少数人能理解这些，只有极少数人能够拥有真正意义上的和平。你为什么这么说？难道不是因为这对你来说是一个方便的逃避之道吗？你说，我所说的那种和平永远无法实现，那是不可能的。因此你必须抱有支持和平的理由，你必须为和平成立组织，你必须为和平进行机巧的宣传。但显然那些方法都只不过是在拖延和平的到来。

只有当你与问题发生了直接的联系，只有当你看清今天没有和平明天也不会有和平，只有当你对和平不抱理由，而是实实在在地看到这个真相，那就是：没有和平，生命是不可能的，创造也是不可能的，没有和平就不可能有幸福——只有当你看到了这些真相，你才会拥有和平。此时你无需任何的和平组织就可以拥有和平。为此，你必须完全赤诚，你必须全身心地渴望和平，你必须亲自发现和平的真相，而不是通过各种组织、宣传，也不是通过支持和平、反对战争的机巧论辩。和平并非对战争的拒绝，和平是一种存在状态，其中一切冲突、一切问题都已止息；它并非理论，也不是要在十世、十年、十天后达成的理想。只要心智不了解它自身的活动，它就会制造更多的不幸；而对心智的了解就是和平的开始。

在拉杰哈特学校给学生们的讲话
1954 年 1 月 22 日

提问者：什么是冲突，它又是如何在我们心中产生的呢？

克里希那穆提：你想成为板球队的队长，但是有人比你更出色。你不喜欢这样，于是你心里就有了冲突。你想得到某样东西，可是你得不到，于是就有了冲突。如果你得到了自己想要的，然后难的是如何保有它，于是你再次陷入了努力，或者想要得到更多。所以冲突始终存在，因为你总是想得到些什么。如果你是个小职员，你就想成为经理；如果你有辆自行车，你就想要一辆摩托车，诸如此类；如果你很不幸，你就希望得到幸福。

所以你想要什么并不重要，重要的是你**是**什么。了解你自己是什么，探究它，看到你自己的全部含义——就可以把你从冲突中解放出来。

拉杰哈特 1955年1月9日

提问者： 原子弹和氢弹是怎么回事？我们能谈谈这个吗？

克里希那穆提： 这牵涉到了战争以及如何预防战争这一整个问题。我们能不能探讨这个问题，好让自己的心智清晰起来，认真地、热切地把这个问题追究到底，进而彻底弄清这个问题的真相？

我们所说的和平是什么意思？和平是战争的反面、战争的对立面吗？假设没有战争，我们就会拥有和平吗？我们是在追求和平吗？还是说，我们所说的和平只是两个矛盾的活动之间的一个空隙？我们真的想要和平吗，不仅仅在某个层面上，经济或精神层面上，而是拥有全面的和平？还是说，因为我们自己内心征战不休，进而才造成了外界连绵不断的战争？如果我们希望防止战争，显然我们就必须采取某些措施，换言之，那实际上就意味着内心没有任何疆界，因为是信仰造成了敌意。如果你信仰共产主义而我信仰资本主义，或者如果你是个印度教徒而我是个基督教徒，显然我们之间就存在着对抗。所以，如果你我想要和平，我们难道不是必须摒弃心里的所有这些边界吗？抑或，我们只想在达到某个结果之后就维持现状，只想要一种让人心满意足的和平？

你知道，我认为个人是不可能制止战争的。战争就像是一部庞大的机器，它已经发动了起来，积聚了巨大的动力，很可能会持续下去，然后在过程中将我们碾碎、摧毁。然而，如果你希望迈出这部机器，这整个战争机器，你会怎么办？这就是问题所在。我们真的想从内在以及外在停止战争吗？毕竟，战争只不过是我们内心纷争夸张的外在表现，不是吗？那么我们每个人能够不再野心勃勃吗？因为只要我们野心勃勃，我们就会冷酷无情，而这必然会导致我们与他人之间的冲突，以及组织之间、国家之间的冲突。这实际上意味着，只要你和我在寻求任何方面的权力——而权力是邪恶的——那么我们就必然会催生战争。那么，我们每一个人有没有可能探究野心、竞争的机制，探究在权力的领域想要成为某人的欲望，然后将其终结？在我看来，只有此时，我们作为个体，才能迈出造成了战争的这种文化、这种文明。

我们作为个体，能够结束自己身上战争的根源吗？战争的根源之一显然是信仰，我们把自己划分成了印度教徒、佛教徒、基督教徒、共产主义者或者资本主义者。我们能把这一切都摒弃一旁吗？

提问者：生活中所有的问题都不真实，必须有某种真实的东西可供我们依靠。那种真相是什么？

克：你认为真实和不真实能那么容易就区分开吗？还是说，只有当我开始了解什么是不真实的，真实才能出现？你可曾考虑过什么是不真实的？痛苦不真实吗？死亡不真实吗？如果你丢了自己的银行账户，那不真实吗？一个说"这一切都不真实，所以我们来发现真相"的人，就是在逃避真相。

你和我能不能在自己身上结束催生内在和外在战争的各个因素？我们来讨论一下这个问题，不是仅仅从字面上，而是要真正地审视它，热切地探究它，看看我们能不能根除自己身上仇恨、敌意的根源，根除那种优越感、野心以及诸如此类的一切。我们能否根除这一切？如果我们真的想要和平，它们就必须被铲除。如果你想弄清楚什么是真实的，什么是上帝，什么是真理，你就必须有一颗非常安静的心；然而，如果你野心勃勃、满心嫉妒，如果你贪恋权力、地位之类，你怎么可能拥有这样一颗安静的心呢？认真不就在于对心智、自我的运行过程的了解以及消除吗？而正是自我造成了这所有的问题。

提问者：我们如何才能解除自身的制约？

克：可我就在指给你看啊！什么是制约？就是从小就强加在你身上的传统，还有你自己积累起来的信仰、经验和知识。它们都制约了心灵。

那么，在我们深入探究这个问题更为复杂的层面之前，你能不能不再身为一个印度教徒，并且摒弃它的所有含义？这样你的心智才能够思考和回应，不是根据改良的印度教，而是进行全新的思考。你身上能不能发生一场全面的革命？这样你的心才能保持新鲜、清明，进而才能进行探究。这是一个非常简单的问题。我可以就此发表一番演讲，但是，如果你只是听听而已，然后带着同意或者不同意的看法走掉，那就毫无意义了。然而，如果你能和我一起探讨这个问题，一起把它追究到底，那么也许我们的谈话就是有价值的。所以，你和我都希望拥有和平，都在谈论和平，那么我们能不能根除自己身上敌对和战争的根源？

提问者：个人有能力对抗原子弹和氢弹吗？

克：他们正在美国、俄罗斯以及其他地方试验这种炸弹，而你我能对此做些什么？所以讨论这个问题的意义何在？你也许试图通过写信给报纸，说明那有多可怕，以此来制造公众舆论，但那会让各国政府停止研究和制造氢弹吗？除了破坏性的用途，他们也许会把原子能用在和平的目的上，说不定五年或者十年内，他们就建好了使用原子能的工厂；但他们还是会为战争做准备。他们也许会限制核武器的使用，但战争的原动力还在，那我们能做什么？历史的车轮在前进，我们认为生活在此处的你我是无法阻止这个进程的。但我们能做的是完全不同的事情。我们可以迈出如今的这个社会机器——这个机器不断为战争做着准备——而也许通过我们自己内心的彻底革命，我们就能为建立一个全新的文明而贡献力量。

归根结底，文明是什么？什么是印度或者欧洲的文明？文明就是集体意志的体现，不是吗？很多人的意志建立了印度如今的文明，而你我就不能从中脱离出来，以全然不同的方式来思考这些问题吗？这么做不正是认真的人所应具有的责任吗？难道不是必须得有些人能够看到世界上发生的这个破坏性的过程，去探究它，然后从中走出来，也就是不再有野心之类的吗？除此之外，我们还能做什么？但是你瞧，我们不愿意认真，这就是症结所在。我们不想对自己下手，我们只想讨论一些外在的、遥远的事情。

提问者：*肯定有一些非常认真的人，而他们解决了他们的问题或者这个世界的问题了吗？*

克：这可不是一个认真的问题，对吗？这就像在我自己还饿着的时候说别人已经吃饱了。如果我饿了，我就会探询哪里有能吃的食物，而说别人已经酒足饭饱，那根本毫无意义。那只能说明我并不是真的饿了。是不是有些认真的人已经解决了他们的问题，这并不重要。你和我解决了**我们的**问题吗？这要重要多了。我们中的几个人，能不能非常认真地讨论这个问题，热切地探究它，看看我们能做什么，不是只从智力上、口头上，而是真正地去探究？

提问者： 我们真的有可能逃脱现代文明的影响吗？

克： 什么是现代文明？在印度这里，一种古老的文化已经在很多层面上被叠加了西方文化的影响，比如民族主义、科学、国会制度、军事主义，等等诸如此类。那么，我们要么被这种文明所吞没，要么突出重围然后创造一种截然不同的文明。

很不幸的是，我们只热衷于听听而已，因为我们只是浮皮潦草地听一听，而那样对于我们大多数人来说似乎就已经足够了。认真地探讨并根除我们自己身上导致对抗和战争的东西，为什么对我们来说就那么难？

提问者： 我们得考虑眼下最迫切的问题。

克： 在考虑眼下最迫切的问题时，你会发现它有着深层的根源，它就是隐藏在我们自己身上的那些根源的产物。所以，若要解决眼下最迫切的问题，你难道不应该探究那些更深层的问题吗？

提问者： 只有一个问题，那就是弄清楚生命的尽头是什么。

克： 我们可以真正认真地讨论这个问题，彻底地探究它，然后自己搞清楚生命的尽头是什么吗？生命究竟是怎么回事？它最终走向哪里？这就是问题，而不是生命的意义何在。如果我们只是为生命的意义寻找一个定义，那么你会给它下个定义，而我会给它另一个定义，然后我们就会根据自己的癖好，错误地选择我们认为更好的那个定义。无疑这并不是提问者的意思。他想知道，这一切挣扎、一切追寻的尽头，这不停的斗争，来这里聚会，以及生与死的尽头是什么。这整个生命将会走向哪里？它的意义何在？

那么，我们称为"生命"的这件事情是什么呢？我们只能通过自我意识来认识生命，不是吗？我知道我活着，因为我说话，我思考，我吃饭，我有各种互相矛盾的欲望，无论我有没有意识到，我有各种冲动、野心，等等诸如此类。只有当我意识到这些，也就是说，只有当我有自我意识的时候，我才知道我是活着的。而我们说的有自我意识是什么意思？毫无疑问，只有出现某种冲突的时候，我才有自我意识；否则我就意识不到自己。当我思考、努力、争吵、讨论、这么说、那么说的时候，我就有自我意识。自我意识的本质就是矛盾。意识是一个整体的过程，既包括活跃的、外显的部分，也包括隐藏的部分。那么，这个意识过程意味着什么，它又通往哪里？我们知道出生和死亡，知道信仰、挣扎、痛苦、希望以及无尽的冲突。这一切的意义何在？只有当心智能够探究，也就是说，当它没有停泊在任何结论上时，你才能发现生命真正的意义。

提问者：那是探究，还是反省？

克：只有当心智受到了束缚、不停地重复，进而不断地回去反观自己时，那才是反省。若要自由地探究，若要发现真相，无疑需要一颗没有被绑缚在任何结论上的心。那么，你和我能不能弄清这所有的挣扎及其后果的意义何在？如果这是你的意图，如果你认真、热切，那么你的心还会对这个问题抱有任何结论吗？你难道不是必须对这种困惑保持开放吗？你难道不是必须用一颗自由的心去探究，去发现什么是真相吗？所以，重要的不是问题本身，而是看看心有没有可能自由地去探究，然后发现真相。

心能够摆脱所有的结论吗？结论只不过是某个制约产生的反应，不是吗？以转世这个结论为例。转世是否是事实并不重要，而是你为什么要有那个结论？是因为心智害怕死亡吗？这样的一颗心——相信某个结论，而结论正是恐惧、希望、渴求的产物——显然是没有能力发现关于死亡的真相的。所以，如果我们真的认真，我们的首要问题——这个问题甚至要出现在我们问这整个生命过程意味着什么之前——就是要弄清楚心智能不能摆脱所有的结论。

欧亥 1955年8月6日

提问者： 我们所有的麻烦似乎都源于欲望，但是我们究竟能不能摆脱欲望？欲望是不是我们内在固有的，还是说它是心智的产物？

克里希那穆提： 欲望是什么？而我们又为什么要把欲望和心智分离开来？那个说"欲望造成了问题，所以我必须摆脱欲望"的实体又是谁？我们必须了解欲望是什么，而不是因为它制造了麻烦于是就问该如何摆脱欲望，也不要问它是不是心智的产物。欲望是如何产生的？我会作出解释，然后你就会明白，但不要只是听去我的一些说辞。在探讨的过程中，实实在在地去体会我们所谈的内容，然后这些话才有意义。

欲望是如何产生的？显然是通过感知或者看，还有接触和感受，然后就有了欲望。你先是看到一辆车，然后有了接触和感受，最后有了想拥有这辆车、想驾驶它的欲望。请慢慢地、耐心地跟上。接下来，在努力得到那辆车时，也就是在欲望中产生了冲突。所以，在欲望得到满足的过程本身之中就有着冲突，有着痛苦和快乐；而你希望保有快乐、丢掉痛苦。这就是实际发生在我们每个人身上的事。欲望制造出来的那个实体，那个认同快乐的实体，说，"我必须除掉不快乐的东西，也就是痛苦。"我们从不说，"我想把快乐和痛苦都去掉。"我们希望留住快乐、丢掉痛苦，但两者都由欲望所造。通过感知、接触、感受产生出来的欲望，被定位成了想要抓紧快乐、抛掉痛苦的"我"。但痛苦和快乐都同样是欲望的产物，也就是心智的产物，它并不在心智之外；只要有一个实体说，"我想留住这个、扔掉那个"，就必然会有冲突。因为我们希望除掉所有痛苦的欲望，同时保有基本上属于快乐和有价值的欲望，却从来不去考虑整个欲望的问题。当我们说，"我必须去除欲望"，谁是那个试图去除什么的实体呢？那个实体难道不也是欲望的产物吗？

请注意，你必须有无限的耐心才能理解这些事情。对于那些根本问题，并不存在绝对肯定或否定的答案。重要的是提出一个最根本的问题，而不为了寻找答案；如果我们能够看着那个根本问题而不去寻求答案，那么那种观察本身就会带来领悟。

所以我们的问题不是如何摆脱痛苦的欲望，同时紧抓那些快乐的欲望，而是了解欲望的整个本质。这就引入了这个问题：什么是冲突？那个一直在快乐和痛苦之间选择的实体又是谁？那个我们叫做"我"、自我、自己的实体，那个说

"这是快乐,那是痛苦,我要留住快乐、扔掉痛苦"的心智——那个实体不还是欲望吗?但是,如果我们能够观察欲望的整个领域,而不是为了留住什么、去掉什么,那么我们就会发现欲望有了截然不同的意义。

欲望会制造矛盾,而稍有警觉的心都不喜欢活在矛盾中,因此它会努力去除欲望。但是,如果心智能够了解欲望,而不试图消除它,也不说,"这个欲望好一些,那个坏一些,我要留着这个、扔掉那个",如果它能觉察欲望的整个领域,不拒绝、不选择也不谴责,那么你就会发现心智就是欲望,它和欲望没有分别。如果你真的理解了这一点,心就会变得非常安静。欲望还会出现,但它们再也不会产生什么影响,它们再也没有什么重要性,也不会在心中扎根然后制造问题。心还会作出反应——否则它就不是活的了——但反应都是表面上的,它不会扎根。这就是为什么说,重要的是了解欲望的这整个运作过程——我们大部分人都身陷其中。因为受困其中,我们体会到了矛盾和无尽的痛苦,所以我们跟欲望作斗争,而斗争就造成了二元对立。如果我们能够看着欲望,没有评估、判断或者谴责,那么我们就会发现它不再生根了。为问题提供沃土的心,永远无法发现真相。所以问题不在于如何解除欲望,而在于了解它,而只有当你不谴责它时,你才能了解它。

欧亥 1955年8月6日 | 049

新德里 1963年10月27日

在我看来,在我们探讨冲突的问题,以及究竟有没有可能摆脱它之前,我们必须首先了解语言的结构,了解我们赋予某个特定词语的含义,并且通过对词语保持警觉,来发现心智是如何被困在语言之网中的。因为我们大部分人都依赖程式、概念而活,无论是自己制造出来的,还是由社会传递给我们的,我们称之为"理想",我们认为有必要按照某种特定的模式来生活。如果你审视那些程式、观点、概念和模式,你会发现它们只不过是词语,而那些词语就控制着我们的行为,塑造着我们的思想,让我们有某种特定的感受。词语禁锢着我们的思想、我们的生活。

一颗困在词语中的心是无法自由的。一颗在某套准则的模式中运转的心,显然是一颗局限的、奴隶般的心。它无法以崭新的方式重新思考——而我们的大部分思维,我们的大部分行为和思想,都困在了词语和程式的疆域之内。以"上帝"或者"爱"这样的词为例,此时有多么强大的形象和程式进入了你的脑子!一个想要发现上帝是否存在的人,一个想要弄清楚爱的真意的人，显然必须摆脱所有的概念、所有的程式。而要摆脱程式和概念时，心智却拒绝突破，因为存在着恐惧。恐惧栖身于词语之中，而我们为词语争讼不休。所以，一个人如果真的想认真探究这个问题，以发现真相是否存在，超越词语范畴的事物是否存在，首要的事情就是，他必须彻底了解词语的底细，并且彻底地摆脱程式。

现在我想探讨的是内在和外在的冲突，以及活在这个世界上，究竟有没有可能彻底地而不是局部地摆脱冲突。彻底摆脱所有冲突——这究竟是不是可能？不要说"可能"或者"不可能"。一颗认真的心不会抱有这样的观点，它会去探究；而心灵必须摆脱会导致困惑、矛盾以及各种神经质的冲突。如果无法摆脱这种困惑，这样的一颗心又怎能去看、去了解、去观察呢？它只会编织一大堆关于真理、非暴力、上帝、极乐和涅槃的词语——而这些东西根本没有任何意义。

一颗想要发现真相的心，必须摆脱意识的所有层面上的冲突——这并不意味着要去追逐和平、从尘世归隐、遁入修道院或者坐在树下冥想，这些都只不过是逃避。它必须在意识的所有层面上，彻底摆脱一切冲突，这样的心才是清明的。只有一颗清明的心才能够自由，而只有在全然的自由中，你才能发现真相。

所以我们必须探究冲突的机理和结构。你并不是在听我讲，而是在聆听你自己的意识。你是在倾听、观察、审视你自己生活中的冲突——无论是办公室里的冲突，还是你与妻子、丈夫、孩子、邻居以及理想的冲突——观察你自己的冲突。因为我们关心的是你内心而不是我内心的革命，关心的是我们每个人内心的、生命最深处的彻底革命。否则改变就是表面上的，是一种完全没有意义的调整。世界正发生着巨变，不仅在科技方面，在伦理道德方面也是如此；仅仅调整自己适应改变，是不会带来清晰的视野、清明的心灵的。能够带来非凡的清明的，是心智完全了解了内在和外在冲突运行的全过程，那种了解本身就会带来自由。这样的一颗心是清晰的，那种清晰中就蕴含着美。这样的一颗心就是宗教之心，而不是光顾寺庙、没完没了地重复词句、千万次执行仪式的虚假的心——那些东西不再有任何意义。

所以，我们关心的是对冲突的了解——不是如何去除冲突，也不是如何用一系列所谓和平的模式来取代冲突，更不是抗拒或者回避冲突，而是去了解它。我希望我用"了解"这个词能把意思表达清楚。你知道，了解某样东西就是与它共处，而如果你抗拒它，如果你借着自己的恐惧来掩饰事实，如果你逃避它，或者如果你内心有着巨大的冲突，于是你寻求和平——那只是另一种形式的逃避——那么你就无法与它共处。我用"了解"这个词指的是一种特殊的含义，那就是，去面对你身处冲突这个事实，并全然与之共处——不回避，也不逃避。看看你能否和它待在一起，不解释，也不引入任何人的观点，而只是与它共处。

首先，不仅心智有意识的层面存在着冲突，而且深层的无意识中也存在冲突。我们就是一大堆的冲突、矛盾，不仅在思想层面上，而且在有意识的思想尚未穿透的层面上也有大量的矛盾和冲突。而这需要你付出全然的关注。无论你喜欢与否，你确实身陷冲突；你的生活是一片苦难和困惑，以及一系列对立的矛盾——比如暴力与非暴力。所有的圣人都用他们特殊的癖好、特别的暴力与非暴力的模式摧毁了你。若要打破这一切，自己去发现真相，就需要你全神贯注，需要一种热忱，把这个问题从始至终追究到底。

我们所做的一切都引发了冲突。从小到大，我们没有哪一刻是没有冲突的。去办公室上班——这是一件极其乏味的事——你的祈祷，你对上帝的追求，你的戒律，你的关系——一切之中都有着冲突的种子。对于任何一个想要了解自己的人来说，这一点是显而易见的；当他就像在镜子里那样观察自己的时候，他会看到自己身处冲突之中。他会做什么？他立刻就想逃离，或者找个方法来缓解那个冲突。但我们要做的是观察这个冲突，而不是逃避它。

当我们的行为、我们的思想、我们外在和内在的生活中存在矛盾时，冲突就会出现。我们接受了冲突是一种进步的方式。对我们来说，冲突是一种努力。各种调整、各种压抑、不计其数互相矛盾的欲望、各种各样相互对立的影响和冲动——所有这些都在我们内心制造了冲突。我们从小就被教导要有野心，要让生活过得成功；而哪里有野心，哪里就有冲突——这并不是说你必须昏昏入睡，也不是说你必须冥想。当你了解了冲突的本质，一种崭新的能量就会到来，那是一种未被任何努力所沾染的能量，而这就是我们马上要探讨的问题。

所以，首先要意识到我们身处冲突之中，不是如何超越它，不是要拿它怎么办，也不是如何压制它，而是要觉察它但不对它做任何事——这非常必要。我们随后会对它采取行动，但首先不要对发现的东西做任何事，对你身处冲突的事实，对你试图用各种方式逃避冲突的事实，不要做任何事。这是事实，而当你与事实共处几分钟，你就会发现你的心是如何抗拒与它共处的。它想逃跑，想对它采取措施，想对它做点儿什么。心始终无法与那个事实共处。然而，若要了解什么，你就**必须**与它共处；若要与它共处，你就必须极其敏感。换言之，与一棵美丽的树、一幅画或者一个人共处——与它共处就是不要对它习以为常。你一旦对它习以为常，你就失去了对它的敏感性。这是一个事实。如果我对我这辈子所居住的大山习以为常，我就对清晨或傍晚时分它那美丽的线条，对它的光影、它的轮廓，对它神奇的光彩不再敏感。我习惯了它——那意味着我对它变得不敏感了。同样，与丑陋的事情共处也需要同等的敏感。如果我习惯了肮脏的马路、肮脏的思想、肮脏的环境，习惯于忍受各种事情，我同样也会变得不敏感。与某种东西共处，无论是美丽还是丑陋的东西，或者带来悲伤的东西——与它共处就意味着对它保持敏感，不对它习以为常。这是首要的事情。

冲突之所以存在，并非只是因为我们有互相矛盾的欲望，更在于我们所有的教育、社会所施加的所有心理压力，都在我们内心造成了现在如何与应当如何、事实与理想之间的这种划分、这道裂缝。我们被理想所累，而一颗清明的心不抱任何理想。它的运转是从事实走向事实，而不是从观念走向观念。我们知道，冲突不仅仅存在于意识层面上，而且存在于无意识的层面上。我不想在这里讨论什么是意识，什么是无意识；这个话题我们改天再讲。此刻我们关心的是冲突，遍布我们整个生命的冲突，包括意识层面和无意识层面的冲突。冲突**确实**存在。而任何试图摆脱冲突的努力都会引入进一步的冲突。这一点显而易见，非常合乎逻辑。所以心智必须找到一个无需努力就摆脱冲突的办法。如果我抗拒冲突，或者如果我抗拒所有的模式，抗拒冲突中牵涉到的所有含义，那么那种抗拒本身就是另一个矛盾，因而是另一个冲突。

你瞧，我来简明扼要地说一下。我意识到自己身处冲突。我很暴力，而所有的圣人和所有的典籍都说，我一定不可以这样。于是我内心就有了两样互相矛盾的东西：暴力以及我一定要变得不暴力。这是一种矛盾，无论是我强加给自己的，还是别人强加给我的。在这种自相矛盾中就存在着冲突。如果我抗拒，无论是为了有所领悟，还是为了避开冲突，那么我就依然处在冲突中。抗拒本身就在制造冲突，这是显而易见的。若要了解并摆脱冲突，就一定不能抗拒它，也不能逃避它。我必须去看、去聆听冲突的全部内容——与我的妻子、孩子、社会以及我所抱持理想的冲突。如果你说这辈子根本不可能摆脱冲突，那么你我之间就没有进一步的关系了。如果你说可能，你我之间也是没有关系的。但是，如果你说，"我想弄清楚，我想探究这个问题，我想颠覆在自己身上建造起来的、我就是其中一部分的这座冲突的大厦"，那么你和我就有了关系，然后我们就可以一起前进了。

对冲突的任何一种形式的抗拒、逃离和回避，都只会增加冲突，而冲突就隐含着混乱、残暴和无情。一颗处于冲突中的心是不可能慈悲的，是不可能拥有那种清澈的慈悲的。所以心必须毫无抗拒、回避和看法地觉察冲突。在这种行动本身之中就会诞生一种纪律——一种灵活的纪律，一种不以任何程式、模型和压制为基础的纪律。那就是观察内心冲突的全部内容，而这种观察本身就会自然地、毫不费力地建立起一种纪律。你必须拥有这种纪律。我用"纪律"这个词指的是清明，指的是一颗精确地、健康地思考的心；然而如果有冲突，你就无法拥有这样的一颗心。

因此我们的第一要务就是要了解冲突。你也许会说，"我没有摆脱冲突，请告诉我如何摆脱它。"这就是你学到的模式。你想让别人告诉你如何摆脱冲突，然后你会遵循那个模式，以期摆脱冲突，却因此依然身处其中。这一点再明显不过了。所以不存在什么"如何"。请理解这一点。生命没有方法，你得把它活出来。一个人若有套实现非暴力或者某个非凡境界的方法，那他实际上不过是困在了一个模式中；而模式确实会产生某个结果，但那并不会通往真相。所以，当你问，"我要如何才能摆脱冲突？"你就又掉进了旧有的模式中——那表示你依然在冲突中，你没有了解；那再次说明你并没有清明地与事实共处。

所以，身处冲突就隐含着一颗困惑的心，而在全世界你都可以看到这种事。世界上的每一个政客都困惑无比，因而为世界带来了苦难。同样，圣人们也给世界带来了苦难。然而，如果你十分热切，真的想摆脱冲突，你就必须彻底摒弃自己身上的所有权威，因为对于一个想要发现真理的人来说，根本无所谓权威——无论《薄伽梵歌》、你的圣人还是你的领袖，都不是权威——任何人都不是。那就意味着你彻底地孑然独立。要独立于世——而当心灵摆脱了冲突时，这件事才会发生。

你瞧，我们大多数人都想回避生活，于是我们找到了回避它的几条途径、几个办法。生活是一个完整的东西,而不是一个局部。生活包含了美、宗教、政治、经济、关系、争吵、不幸、折磨、生命的苦痛以及绝望。这一切都是生活,而不只是其中的一个部分、一个碎片,而你必须了解它的整体。这需要一颗健康、理智、清明的心。这就是为什么你必须拥有一颗毫无冲突的心,一颗没有冲突的丝毫印记的心,一颗没有丝毫伤痕的心。这就是为什么说,任何形式的冲突都只有通过觉察才能得以了解。

我所说的"觉察"意思是观察冲突。观察需要你不带着任何观点去看它。你要看着它,但不带着你的想法、评判、比较和谴责。如果存在谴责和抗拒,你就没有在观察,因而你所关注的就不是冲突了。你无法不带着观点去看任何一件事情,这就成了你的问题。你想观察冲突,但是,如果你引入了关于那个冲突的观点、看法或者评价,或者如果你抗拒它,你就无法观察它。这时你关心的就是要弄清楚你为什么抗拒了——不是如何理解冲突——而是你为什么抗拒。所以你已经离开了冲突,并且发觉了你的抗拒。你为什么抗拒?你是可以搞清楚为什么的。对我们大多数人来说,冲突已经变成了一个习惯。它让我们变得如此迟钝,以至于我们甚至都没有意识到它。我们把冲突当作生活的一部分接受了下来。当你确实遇到了冲突,看到它是一个事实,你就会抗拒它或者试图避开它,然后找个办法摆脱它。此时,观察你抗拒的事实已经远远比了解冲突更为重要了——你是如何回避它，如何引入某个程式来对付它。于是你开始观察你的程式、观点和抗拒。通过觉察它们，你就是在打破自己的制约，进而就能够去面对冲突了。

所以，若要了解冲突进而摆脱它，不是等到最后，不是等到你生命结束，也不是等到后天才摆脱，而是立刻就彻底摆脱它——而这是可以做到的——就需要惊人的观察能力，而这种能力无法加以培养，因为一旦你培养它，你就回到了冲突之中。需要的是即刻洞察意识的整个运作过程和它的全部内容——需要刻不容缓的观察，进而看到它的真相。一旦你看到了它的真相，你就摆脱了它。如果你试图抗拒它、回避它，或者强加给它你学来的某些程式，那么不管在哪个层面上，无论如何你都看不到它的真相。

这就引出了一个非常重要的问题，那就是：改变不需要时间。你要么现在就改变，要么永远也不会改变。我说的"永远不会"，并不是指传统的含义或者基督教所说的"永世被诅咒"。我的意思是：你现在就改变，就在鲜活的此刻——这个鲜活的此刻也许是明天，但它依然是鲜活的此刻；而只有在鲜活的此刻才可能发生突变，而不是什么后天。理解这一点非常重要。我们太习惯于观念了，然后我们试图把那个观念付诸实施。我们首先制定出一个观念或者一个理想，不管是不是合情合理——多数是不合理的——然后努力把它付诸实施。于是行动和观念之间就产生了一个矛盾。行动才属于活生生的现在，而观念不是。观念只不过是一种凝固的执着，鲜活的此刻才是行动。所以，如果你说"我必须摆脱冲突"，那就变成了一个观念。观念和行动之间有了一个时间间隔，而你希望在那段间隔中，某个特别的、神秘的行动会发生，会引发一场转变。

如果你允许时间进入，那么突变就不可能发生。领悟是即刻发生的，而你的领悟只能发生在你全然观察之时，用你的整个存在——用你的全部身心去聆听那架飞机，聆听它的嗡嗡声，不解释，也不说，"那是一架飞机"，"真烦人哪"或者"我想听他讲话，却有飞机经过"；那样的话就变成了一种分心、一种矛盾，然后你就迷失了。用你的整个存在倾听那架飞机，就是用你的整个存在倾听讲话者。这两者没有分别。只有当你试图把精力集中在讲者所说的话上面时，分别才会出现，而那就变成了一种抗拒。如果你**全神贯注**，那么你倾听那架飞机的同时也在倾听着讲话者。

同样，如果你全然明了冲突的整个结构和机理，那么你就会发现此时发生了一场即刻的转变。于是你就彻底脱离了冲突。但是如果你说，"哦，会一直这样下去吗，我永远地摆脱了冲突吗？"那你就是在问一个愚蠢的问题。这说明你并没有摆脱冲突，你还没有了解它的本质。你只想战胜它，然后取得和平。

一颗尚未了解冲突的心永远无法拥有和平。它可以逃到被称为和平的某个概念、某个词语里去，但那不是和平。要拥有和平，就需要清明，而只有当任何一种冲突都不复存在时——那并不是一个自我催眠的过程——清明才能到来。只有心智了解了冲突及其所有的暴力、所有的荒唐——而非暴力就是一件荒唐事，因为心智并没有理解暴力——它才能走远。一颗强迫自己变得不暴力的心，正是暴力的。你们的绝大多数圣人和导师都充满了暴力，他们不懂得那种清明的慈悲。而只有慈悲的心才能领悟那超越言语的事物。

马德拉斯 1965 年 12 月 22 日

有没有可能终结我们所有关系中的冲突？——包括家庭关系、工作关系，我们生活各个领域之中的关系。这并不意味着我们就此退隐，与世隔绝，或者蜷缩到我们自己幻想和想象出来的某个角落里；这意味着活在这个世界上同时去了解冲突。只要存在任何一种冲突，我们的头脑、心灵、大脑就无法以其最高的能力开动起来。只有当摩擦不复存在，当清明到来时，它们才能那样运转。只有当整个心灵——包括物质有机体、脑细胞，这个叫作心灵的整体——处于一种毫无冲突的状态时，它们才可能那样运转。只有此时，我们才可能拥有和平。

若要领会那种状态，我们就必须了解日常生活中堆积起来的各种冲突，包括我们自己内心以及与邻人每天的斗争，在办公室、在家里发生的人与人之间、男人与女人之间的斗争，还需要了解这种冲突的心理结构、冲突中所包含的"我"。了解，就像看和听一样，是最为困难的事情之一。当你说"我了解了"，你的意思实际上是，你不仅完全领会了我所说的话的全部含义，而且这种领悟本身就是行动。如果你单单从理智上、从文字上理解我说的话，你就无法领悟；如果你只是从理性上——也就是从字面上——在听，毫无疑问那不是领悟。抑或，如果你仅仅感情用事地、情绪化地感受某件事情，那也不是领悟。只有当你整个身心都理解了——也就是说，当你没有片段化地看待任何事情，既不单单从理智上，也不单单从情感上，而是整体地看待事情，你才能领悟。

所以，领会冲突的本质，需要的不是了解你作为一个个体所具有的特定冲突，而是把人类的冲突作为一个整体来了解——这包括了民族主义、阶级分别、野心、贪婪、嫉妒，对地位和权威的渴望，权力欲、控制欲，还有恐惧、内疚、焦虑，这其中也涉及到了死亡和冥想——要了解生命的全部。若要了解这些，你就一定不能片段地看和听，而是要看到生命的整个版图。我们的困难之一就在于，我们支离破碎地运转，我们只从某个局部去生活——作为一个工程师、一个艺术家、一个商人、一个律师、一个物理学家，诸如此类；每个碎片都和其他的碎片征战不休，鄙视对方或者感觉自己高高在上。

那么我们的问题就成了：如何才能不支离破碎地看待生命的整体？当我们观察生命的整体——不再作为一个印度教徒、一个穆斯林、一个天主教徒、一个共产主义者、一个社会主义者、一名教授或者一名宗教人士——当我们看到生命那不可思议的运动，它无所不包，死亡、悲伤、痛苦、困惑、爱的极度缺乏，我们千百年来亲手培植起来的享乐画面，而这显露出了我们的价值观、我们的所作所为——当我们完整地看到这个浩瀚的事物，我们对那个整体的回应将会截然不同。当我们完整地看到生命的全部运动，此时的这种回应就会在我们内心引发一场革命，而这场革命是绝对必要的。人类不能再像以前那样生活下去了——互相残杀，彼此憎恨，把自己划分成各个国家，投入到各种琐碎、狭隘、个人主义的活动中——因为那样会招致更多的苦难、更多的混乱和更多的悲伤。

那么，有没有可能看到生命的整体？——生命就像一条奔腾不息、不知疲倦的河流，有着浩瀚的美，不停地流动着，因为它背后有着无比丰沛的水流。我们能够完整地看待这个生命吗？

只有当你完整地看到某件事情时，你才能了解它。然而，如果自我中心的活动指导着、塑造着我们的行为、我们的思想，我们就无法完整地看到它。正是自我中心的形象在与家庭、与国家、与意识形态上的结论、与各种派别——无论是政治还是宗教派别——联系在一起的。正是这个中心在宣称它在追求上帝、真理等等诸如此类，也正是它妨碍了对生命整体的了解。若要了解那个中心究竟是什么，就需要一颗没有塞满概念、结论的心。我必须**实实在在地**了解——而不是从理论上了解——我究竟是什么。我在想什么,我的感受如何,我的野心、贪婪、嫉妒,我对成功、名望、权威的渴望,我的贪得无厌、我的悲伤——这一切都是我。我也许以为自己是上帝,或是别的什么东西;但那依然是思想的一部分,是透过思想把自己投射出来的形象的一部分。所以,除非你完全不依赖商羯罗①、佛陀或者任何人,而是自己理解了这件事情,除非你真正看到了你每天实际的样子——你讲话的方式,你感受的方式,你反应的方式,不只是有意识的,还有无意识的——除非你在这里打好基础,否则你怎么可能走远呢?无论你走多远,那都只能是你的想象、幻觉、自欺,因而你就是一个伪君子。

你必须打下这个基础——那就是了解你自己实际如何。你只能通过观察你自己,不企图纠正它,不企图塑造它,也不说这是对那是错,而只是看到实际发生的事情,才能做到这一点——但这并不意味着你变得更加自我中心了。恰恰相反,如果你只想纠正你看到的,根据你的好恶来诠释你看到的,你才会变得自我中心;但是,如果你只是单纯地观察,就不会加强那个中心。

看到生命的整体,需要博大的爱。你知道,我们已经变

---

① 商羯罗,印度中世纪不二论的著名理论家。——译者注

得非常冷漠，你也能看出这是为什么。在一个人口过剩的国家里——在一个内在和外在都贫瘠不堪的国家，一个依赖观念而不是事实来生活的国家，一个膜拜过去、权威根植于过去的国家里——人们自然会对实际发生的事情无动于衷。如果你们观察自己，就会发现自己拥有的爱少得可怜，而爱就是关怀。爱就意味着美，而美绝不单单是外在的装饰。只有当你内心拥有了那博大的温柔、那无微不至的体贴和关怀——而这正是爱的精髓——那种美才会来临。当我们的内心干瘪贫瘠，我们就会借助词语、概念、引经据典以及别人说过的话来填补；然而，当我们意识到这种混乱，我们就企图让过去死灰复燃，我们膜拜传统，我们追溯过去。因为我们不知道如何解决当前生活中的所有混乱，我们于是说，"让我们回到从前，让我们回归过去，让我们依照那些僵死的东西来生活。"这就是为什么在面对现在的时候，你会逃到过去，或者逃到某种意识形态或乌托邦中去，因为你内心空虚，你就用言语、形象、程式和口号把它填满。观察你自己，你就会明白这一切。

所以，若要自然地、自由地引发这场彻底的心灵革命，就需要巨大的、认真的关注。我们不想用心关注这些，因为我们害怕如果我们真的思考了我们日常生活中那些千真万确的事实，会发生什么。我们真的非常害怕去探究；我们宁愿盲目地、窒息地、痛苦地、不幸地、琐碎地活着，并因此过着一种空虚而又毫无意义的生活。由于过着一种毫无意义的生活，我们企图给生命发明一种意义出来。生命没有意义。生命是要活出来的，而就在那种活着当中，你开始发现生命的真相和真理，还有生命之美。若要发现生命的真相和美，你就必须了解生命整体的运动，而若要做到这一点，你就必须终结所有支离破碎的思考方式和生活方式。你必须不再是一个印度教徒，不仅仅在称呼上，而且内心也要真的如此；你也必须不再是一个穆斯林、佛教徒或者基督教徒，不再抱有任何此类的教条，因为这些东西分裂着人类，分裂着你们自己的头脑和内心。

然而奇怪的是，这些话你们都会来听，你们会听上一个小时，然后回到家之后还是重蹈覆辙。你会没完没了地重复已有的模式，而这个模式从根本上讲是以享乐为基础的。

所以，你必须自发自愿地审视你自己的生活，而不是因为政府影响了你，或者有人告诉你要这么做。你必须自愿自发地审视它，不谴责它，也不说这是对那是错，而只是去看。当你确实以这样的方式去看时，你就会发现你是用充满慈悲的双眼在看——没有谴责，没有评判，而是洋溢着关怀。你是带着关怀进而带着无限的慈悲去看自己的——而只有怀着伟大的慈悲与爱时，你才能洞察生命的整个存在。

罗马 1966年3月31日

有没有可能找到一条日常的生活之道,是完全、彻底自由的,进而是革命性的?在我看来,只存在一种革命,那就是宗教革命。其他的所谓革命——经济的、社会的、政治的——并不是革命。唯一的革命就是反叛的宗教心灵,但不是作为一种反应,而是一颗立足于一种毫无矛盾的生活方式的心。我们的全部生活都处在矛盾中,因而深陷冲突,无论那冲突是脱胎于想要遵从的渴望,还是来自于对成就的追求,抑或由社会的影响所引发。人类自有史以来,就一直生活在这种冲突状态之中。

他们把自己所碰触的一切都变成了冲突,内外都是如此。无论是人与人之间的战争,还是一个人自己的生活,都是一个内在的战场。我们都知道这场持续不断的、永无休止的斗争,无论内在还是外在。通过运用意志力,冲突确实会产生某些结果,但那绝不是创造性的。若要活在良善之中,在善中绽放,和平是必不可少的,不是经济和平、两场战争之间的和平,不是政客们谈判条约的和平,也不是教会空谈的和平，或者组织化的宗教所鼓吹的和平，而是你亲自发现的和平。只有在和平中我们才能绽放、成长、存在和生活。而只要存在任何一种冲突，无论是有意识的还是无意识的，和平就不可能到来。

在当今世上，有没有可能过一种毫无冲突的生活，完全没有社会架构中的那些紧张、斗争、压力和影响？这才是真正的活着，才是在认真探询的心的本质。只有当心灵不再冲突，只有先做到这一点，才能去探讨上帝是否存在、真理是否存在、美是否存在这些问题。

提问者：我们要如何避开这些冲突？

克里希那穆提：你不能避开冲突，你得了解它的本质。冲突是最难了解的事情之一。我们曾试图避开冲突，所以我们热衷于喝酒、性、教会、有组织的宗教、社会活动以及肤浅的娱乐——各种各样的逃避方式。我们试图避开冲突，但我们做不到。回避本身就是在助长冲突。

提问者：你能讲讲冲突的本质吗？

克：我们会探讨这一点的。我们先来看看自由与和平极端的必要性。我们现在还不知道它们意味着什么。我们也许可以从道理上明白，我们迫切需要头脑、心灵以及人的整个身心结构都毫无冲突，因为此时才有和平。那种和平实际上是一种高尚的行为方式，因为一颗不平和的心无法举止得当，无法拥有正确的关系；而正确的关系就是善行、美德等等诸如此类。

如果我们都懂得了终结冲突的必要性——哪怕暂时只从字面上理解了——那我们就可以继续前进了；接下来我们就可以开始探究冲突是什么了，它为什么会出现，以及通过坚持运用所谓的意志力这个因素，究竟有没有可能终止冲突。让我们慢慢开始。这是一个十分宏大的课题，我们没办法在一个下午就把它消灭掉。什么是外在以及内在的冲突？我们可以看到，外在的战争是众多的国家、经济压力、宗教和个人偏见的产物。世界史上充斥着大大小小的宗教战争。也许佛教没有助长战争，尽管最近有些佛教僧人自焚，但这种做法是完全违背其教义的。他们被告诫永远不要碰政治，但政治如今是新晋的神谕；它提供了民族主义这种毒药。我们可以看出意识形态是助长战争的外部因素，这一点我们就不必详谈了。

然后还有内在的冲突，而这要复杂多了。我们内心为什么有这些冲突？我们正在探究，我们并没有说我们是不是应该没有冲突。我们正在审视它；而若要审视它，我们的思维就必须非常清晰，在观察冲突的整个本质和含义时，必须极其敏锐和警觉。冲突为什么会存在？我们所说的"斗争"这个词是什么意思？我们是在审视这个词的含义，而不是什么引发了冲突。我们什么时候才会充分意识到这个词、这个事实？只有在出现了痛苦、矛盾的时候，在追求快乐却遭到拒绝的时候。当我通过追求成就、通过满足各种形式的野心来追求快乐的做法受到了阻挠的时候，我才会意识到冲突。当通过野心寻求快乐受挫时，我就会意识到冲突，但是只要快乐毫无阻碍地延续，我就根本不会感觉到冲突。遵从之中就有着快乐。我愿意服从社会，因为它会给我好处，给我带来利益。为了安全，为了谋生，为了成名，为了得到认可，为了成为社会上的人物，我必须遵守社会定下的规范和模式。只要我完全遵守这些——这本身就是一种巨大的快感——就不会有冲突；而一旦偏离了那条遵从的轨道，冲突就出现了。

拉杰哈特　1967 年 12 月 10 日

提问者：先生，你跟我们谈过了关怀、慈悲和爱，但是两个国家怎么可能互相关爱呢？

克里希那穆提：显然它们不能。当你往北走而我往南走，我们之间怎么可能有关心、关怀或者爱呢？当你作为一个国家，想得到某件财产，而另一个国家也想得到它，你们之间怎么可能有关怀或者爱呢？你们之间只可能有战争，而这就是如今发生的事情。只要存在被军队控制的各个国家和主权政府，只要抱持着自己愚蠢的意识形态和分别心的政客们控制着它们，战争就在所难免。只要你膜拜叫作旗帜的一块布条，而我膜拜另一种颜色的另一块布条，显然我们就会跟彼此开战。

只有当国家不复存在，只有当诸如基督教、佛教、印度教、穆斯林、共产主义或者资本主义之类的分别不复存在时，战争才会消失。只有当人放弃了他微不足道的信仰和偏见，放弃了他对自己小家庭等等的敬拜，世界上才可能有和平。只有当全世界都团结起来，和平才会到来；而只要存在分别，人类就不可能从经济上或社会上团结起来。这就意味着必须有一种全球通用的语言和规划——而这个你们都不想要。但是，只要你们抱守着自己特定的信仰、国籍、神明以及古鲁，你们就必然会与彼此征战不休。这就像一个无时无刻不在仇恨别人的人，却假装友爱一样。

布洛克伍德公园 1970年9月8日

克里希那穆提：在我们想要搞清楚该如何教育孩子，好让他们服从或者不服从之前，我们难道不应该先来弄清楚，我们自己身为教育者、父母和老师，身为人类，是不是就在服从？我们是不是就在仿效、遵从某个模式，在接受各种程式，并且让生活去适应那些程式？毫无疑问，这些都意味着遵从、接受权威，意味着我们抱有赖以生活的程式、原则或者信仰，或者我们在借助文化、教育和社会的影响，来抵制外界强加的让我们遵从的模式。我们的内心可能还有自己遵从的模式，我们接受了它们，然后遵守着它们——外在和内在都在遵从。

我发觉我在遵从了吗？不是你该不该遵从，而是我们首先要弄清楚自己是不是在遵从。遵从是什么意思？所有的语言结构，都是对受制于词语的某种讲话模式、思维模式的一种接受。你可以发现在这里你是遵从的。同样，你也确实遵守着外在的社会规范：留长发还是留短发，留胡子还是不留胡子，穿裤子还是穿迷你裙，等等诸如此类。而你从内在是不是也在遵循、服从自己建立起来的形象、结论、信仰以及行为模式？这并不是说你应该还是不应该仿效，而是你有没有发觉时时刻刻都有这种外在和内在的遵从？因为如果你在遵从，显然就不会有自由，而没有自由就没有智慧可言。

所以，要探索内心，就要非常客观地去看自己，没有任何情绪化，也不说这是对那是错，而只是去观察，然后弄清楚你究竟是在多深的层面上遵从的。是在非常浅的层面上遵从，还是你的全部身心都在遵从？这真是一个非常复杂的课题，因为我们所受的教育就是要把生命划分成"我"和"非我"，划分成观察者和分离开来的被观察之物。从根本上讲，这就是一种遵从的模式，这就是我们被抚养长大的方式。当我说，"我是个印度教徒"，我就是在遵从一个特定的文化和社会模式，这颗心就是在其中被培植、被教育的。你在这么做吗？如果你非常深入地探究这个问题，就会发现这真的格外有趣。

首先我们来看看你我是如何遵从的。身为教育者和父母，如果我们不了解遵从意味着什么，我们又怎么能帮助别人摆脱遵从，或者告诉他"你必须遵从"呢？我们自己心里必须清楚。我们可别本末倒置了！

你瞧，如果你深入探究的话，这真是一个非常微妙而又极其深刻的问题。记忆、以及对记忆的培养，就是如今的教育——数据资料如何如何，这种和那种技术如何如何。你循着知识的路径，这就是遵从。参照过去，接受传统，自称德国人、俄罗斯人、英国人，就是遵从，而对此的反抗，则变成了另一种模式的遵从。因此，所有的反应都是一种遵从的模式。我不知道你是不是接受这些。我不喜欢某个体制，资本主义或者共产主义体制。我反抗它，因为我想要另一种体制；而那另一种体制就是这两种体制的产物，我更喜欢那个，所以我遵从那个。

所以，在探究这个问题时——而不是如何教育孩子；那个问题我们稍后再讲——你就必须从自己身上发现这些遵从和仿效的模式。

提问者：先生，如果我们不遵从我们社会现存的这些体制，我们怎么能教育我们的孩子通过考试呢？

克：我们暂且先不谈孩子的问题。我们先来谈谈我们自己——我们要对这些不幸的孩子负责——看看**我们**是否在遵从。如果我们在遵从，那么无论我们与孩子的关系如何，我们都必然会或隐蔽或粗暴地建立一种让孩子、成人或者青少年遵从的教育体制。这一点显而易见。如果我是盲目的，我就无法领路，我就无法去看，我就无法帮助别人。如果我们不知道自己是在多深的层面上遵从的，我们就或多或少都是盲目的。

提问者：可是，对这些深度的了解难道不是一个逐渐的过程吗？这种了解难道不会变得更准确吗？

克：是的，先生，它确实会变得更准确。恳请大家对这个问题给予一点关注。你在遵从吗？毫无疑问，我穿上裤子的时候，我是在遵从。等我去印度，我就换上另一些衣服，我也是在遵从。当我把头发剪短，我是在遵从。当我把头发留长，或者蓄个大胡子，我也是在遵从。

提问者：可是，把自己和外界看作两个分开的事物，这难道不才是问题的症结所在吗？

克：我这么说过了。"我"和"非我"、外在和内在的这种划分，是另一种形式的遵从。我们来探究一下这个问题的实质，不是外围的那些遵从，而是究其根本。人类的心灵为什么遵从？人类的心灵知道自己在遵从吗？通过问这个问题，我们就可以发现真相，而不是探讨外围的遵从，或者遵从的界线在哪里。那纯粹是浪费时间。一旦核心问题得到了解，我们就可以处理外在的、外围的遵从了。

提问者：先生，如果我不遵照某个模式，我就会觉得非常不安全。

克：他说，如果我不遵照特定的社会和文化设下的某个模式，无论是共产主义的、芬兰的、德国的还是天主教的，无论这个模式还是那个模式，我就会被驱逐在外。对吗？想象一下在俄罗斯，在苏维埃的专制统治下会发生什么——尽管他们称之为"人民民主"，诸如此类的废话——我会被清洗掉，我会被送进精神病院，被喂食药物，好让我变得正常。所以，"在一个其模式就是遵从的特定文化中，我们该怎么办"，在这么说之前，在我们甚至还没提出这个问题之前，我们应该先弄清楚自己是不是在遵从，遵从又意味着什么。你瞧，我们总是讨论在一个给定的社会架构中该怎么办。这并不是问题所在。问题是，你有没有发觉，你是不是知道你在遵从？遵从是外围的、表面上的，还是非常深刻的？除非你回答了这个问题，否则你就无法处理"该不该适应一个要求遵从的特定社会"这个问题。

提问者：我有自己的某种行为方式，可我怎么知道我是不是在遵从？

克：我们得把这件事弄清楚，先生，我们来探讨一下。为了弄清真相，我们得花些时间，得有耐心，但是请不要问诸如"该怎么办"之类的无关紧要的问题。

提问者：很可能就像其他所有的物种一样，我们也有一种天生的、想要遵从的本能。

克：是的。为什么？我们知道这一点。教育的这整个过程，我们所有的成长环境都要求遵从。为什么？请务必看看这个问题。动物会遵从。

提问者甲：为了让物种留存下来。

提问者乙：为了保持团结。

提问者丙：为了保存集体。

克：为了保存集体，为了拥有保障，为了安全。这就是来，那就是：你知道自己在遵从吗，你为什么遵从，遵从有什么必要性？

提问者：它代表了一种相似性。

克：不，看一看，先生。你在遵从吗？很抱歉我在强力推进这个问题。你在遵从吗？当你吸毒——我不是说你，而是泛泛而言，你是不是吸毒我不关心，先生——难道那不是遵从吗？当你喝酒抽烟，那不是遵从吗？

提问者：你似乎不能就某一个行为来谈，然后说它是一种遵从行为。你得谈谈心灵。

克：先生，我们就在这么做。心为什么遵从？

提问者：你可以说心在遵从，但是你能这么说吗：如果如此这般的行为属于遵从，那它就是一颗遵从的心做出的？

克：你知道你在通过遵从的行为而遵从吗？我在做一件事情，而做这件事就表明了我在遵从。或者即使没有行动，我也知道自己在遵从。你看到其中的区别了吗？我知道自己饿了，是因为你告诉我的吗？还是我自己知道我饿了？我知道我在遵从，是因为我看到遵从的行为发生了吗？我不知道有没有把我的意思说清楚？请务必和我一起探究。

我是通过行为知道我在遵从的呢，还是我不借助行为就知道我在遵从？这是两种不同的认识。通过行为发现我在遵从，就会导致对行为的纠正。对吗？我通过某个行为发现自己在遵从，然后我就对自己说：改掉，要让遵从发生改变，我必须以不同的方式来行动。这显而易见。所以，在讨论行动之前，我想先弄清楚遵从的本质。

提问者：先生，我不明白如果不借助行动来揭示，你怎么能观察遵从的本质。

克：就是这样。如果没有觉察到作为遵从的结果的行动，我就无法弄清遵从的本质。对吗？

提问者：遵从与某个对象是联系在一起的。

克：先生，你是怎么知道你在遵从的？

提问者：通过观察。

克：通过观察。务必要弄清楚。等一下，你说通过观察。观察行动的观察者说，"我在遵从。"对吗？那个观察者本身，难道不就是几个世纪以来遵从的产物吗？

提问者：是的。

克：所以他不是在观察行动，而是在观察正在遵从的自己。

提问者：是的。

克：他就是一切遵从的源头，而不是他所做的事。他所做的，是作为观察者、审查者、英国人、因循守旧者等等的遵从之流的产物。所以，当我们提出谁在遵从、什么是遵从以及人为什么遵从这些问题时，我想所有问题的答案都蕴含在观察者之中。观察者就是审查者。现在审查者觉察到了自己在谴责或者辩解。那种谴责或者辩解就是他遵从某种文化模式的结果，他就是在那种文化中成长起来的。这就是问题的全部。

布洛克伍德公园 1974年8月31日

显然,我们不单单要观察自己的生活,而且还要观察发生在我们周围的一切——冲突、暴力、非同寻常的绝望感、悲伤以及毫无意义的存在。为了逃避这些,我们求助于各种各样古怪的、派系化的信仰。各种古鲁正像雨后春笋般在全世界大批涌现出来。他们带来自己特殊的幻想、信仰,然后把它们强加在别人身上。那根本不是宗教,那纯粹是胡说八道,是对已然过去的僵死之物从传统上加以接受。所以,我们不仅要在外部世界带来一种改变,而且要从内在引发一场彻底的心理革命,这已经变得尤为重要了。在我看来,这是最为紧迫和必要的事情。那自然会,也必然会为社会结构、为我们的人际关系、为我们的所有行为带来一场变革。

所以,在我看来,首要的事情就是观察的行动——去观察,观察而不带着观察者。我们会深入探讨这个问题,因为它确实很难。

去观察,不是身为英国人、美国人、印度教徒、佛教徒、天主教徒、新教徒、共产主义者、社会主义者,或者无论什么身份，而是抛开这些局限的态度去观察，不用传统的接受态度去观察，观察而不让"我"干涉观察。"我"就是过去、我们所有的传统和教育的产物，是我们的社会、环境和经济影响的产物——这个"我"干涉着观察。那么，有没有可能彻底消除"我"在观察中的这些活动？因为正是"我"造成了分裂，进而在我们彼此之间的关系中引发了冲突。

有没有可能观察我们生活中的全部现象，而不带着传统的"我"，以及它所有的偏见、观点、评判、欲望、欢愉和恐惧？如果不可能，我们就会困在同一个旧有的陷阱中，在同一个领域内做些轻微的改革，稍微增加一些经验，稍微扩展一点儿知识，诸如此类，但依然始终在原地踏步，除非我们能够彻底了解"我"的整个结构。在我看来，这如此显而易见，可是我们大部分人却轻易忘掉了这一点；我们大多数人都被自己的观点、评判和个人主义的态度所深深负累，以至于无法看到事情的整体。而对整体的洞察之中就蕴含着我们的救赎。我用"救赎"这个词指的是另一种生活方式、行动方式和思考方式，这样我们就能内心完全平和地活着，没有任何冲突，也没有任何问题。

这就是我们要来一起探讨的：人类的心灵深受时间、进化以及所有的经验和大量知识的制约，这样的一颗心，你的心、我们的心、我们的意识能否超越它自身。不是从理论上，不是在想象中，也不是假以浪漫的经验，而是**实实在在地**超越，没有一丝一毫的幻觉。因为我们的意识就是全世界的意识。我认为了解这一点非常重要。我们的意识，连同它的内容，就是世界上每一个人的意识。我们也许这里或那里稍有不同，肤色不同，轮廓不同，外形不同，但我们意识的内容本质上就是全世界的意识。如果那些内容能够得到改变，那么全世界的意识就能得到改变。在这一点上我们彼此交会了吗？我们说的是同样的意思吗？

如果我能改变我意识的内容，那显然就会影响其他人的意识。这些内容就构成了我的意识，这些内容与意识本身是分不开的。身为一个人，我生活在这个世界上，经历着所有的辛劳、不幸、困惑、痛苦和暴力，面对着各个分崩离析的国家，还有它们的冲突、战争、残酷，以及如今上演的种种灾祸。这是我的意识的一部分，也是你的意识的一部分——这个意识所受的训练就是要接受救世主、导师、古鲁和权威。那么，这整个意识能够得到转变吗？如果可以转变，实现的途径又是什么？显然不可能是某个方法。方法就意味着，某个你敬重或者以为他有最终答案的人，所事先设想出来的某个计划或体系，然后你依照那个方法行事。我们已经这么做过了，因而依然陷在同一个模式里。所以，如果你拒绝遵从任何模式、方法和目标——你这么做不是因为对抗，而是出于了解，你洞察了遵从的愚蠢——那么心灵就会遇到一个难度更大的问题——恐惧。请注意,这并非一次单纯的讲话,而是我们在一起分享,我一直在反复讲这个问题,分享这件事情。分享就蕴含着关注,分享蕴含着领悟的必要性和紧迫性,不是从道理上、字面上去理解,而是用我们的头脑、我们的内心、我们的整个存在去领悟。

如我们所说,我们的意识连同它的内容,就是全世界的意识,因为无论你走到哪里,人们都在受苦。到处是贫穷、不幸和残暴,这就是我们日常生活的一部分。到处是社会不公和严重的贫富悬殊。无论你去到哪里,这都是一个千真万确的事实。我们每个人都在受苦,都困在各种问题当中,性问题、个人问题、集体问题,等等等等。这种冲突发生在全世界每一个人身上。我们的意识就是他们的意识,而这个事实中就蕴含着慈悲,不是头脑层面上的慈悲,而是对困在这场浩劫中的整个人类真挚的热爱。

当你看着这个意识,不把它诠释成好与坏、高尚与卑微、美与丑,而只是不作任何解释地观察它,你自己就会发现,内心有一股巨大的恐惧感、不安全感,内心缺乏笃定感。然后因为那种不安全感,我们就逃到各种神经质的安全感中去。请务必在自己内心观察这一点,不要简简单单就接受了讲者所说的话。而且,在你观察的时候,谁是那个观察者?谁是那个正在观察这所有现象的观察者?观察者与被观察之物有区别吗?思想者和思想有区别吗?经历者和他所经历的事情有区别吗？在我看来，这是我们必须了解的最基本的事情之一。对我们来说，观察者和被观察者之间是有分别的，而这种分别就导致了冲突。只要有分别存在，就必然会有冲突。

所以，在我看来，对于这些问题，我们必须非常清楚：谁是观察者，而观察者与被观察之物有没有区别？我看着我的意识——我不知道你究竟有没有观察过自己的意识。看着它，就像看着镜子里的自己一样。看着你的意识中有意识以及无意识的所有活动，而你的意识就处在时间的范畴内，处在思想的领域内。那么，你能观察它吗？还是说，你观察它，就好像它是你之外的东西一样？如果你确实在观察它，那么那个正在进行观察的观察者，与被观察之物是不同的吗？是什么让他不同的？我们彼此交会了吗？我们是在一起踏上一段旅程，请不要让我一个人走，在这件事情上我们都是同舟共济的。

观察者是什么？观察者的结构和本质是怎样的？观察者，连同他的经验、知识、累积的伤害、痛苦等等，是不是就是过去？观察者是过去吗？观察者是不是那个"我"？作为过去的观察者，能够看着自己周围此刻发生的事吗？也就是说，如果我活在过去，带着各种记忆、伤害、悲哀以及头脑积累起来的所有知识——而所有知识都属于过去——那么我就是在用那个头脑在观察。而当我在用那个头脑观察时，我就始终是在透过受了伤的、载满往事记忆的双眼在看。我总是在透过从前、透过累积的传统在看，所以我从来没有放眼现在。身为过去的观察者与活跃的、流动的、鲜活的现在之间存在着分裂，所以观察者和被观察者之间就有了冲突。

心能够不带着观察者去观察吗？这不是一个谜题、一个把戏，也不是要去苦苦思索的东西。你自己就可以看到；你可以洞察这个真相，那就是：观察者永远无法观察。他能观察他想观察的东西；他的观察是根据他的欲望、恐惧、个性以及浪漫的需求等等进行的。如果观察者自己完全是另一个样子，那么被观察者也会变得完全不同。如果我是作为一个天主教徒、佛教徒、印度教徒或者无论什么教徒长大的，然后我去观察生活，用我自己受限的头脑，带着我的信仰、恐惧、救世主，去观察生命这场非凡的运动，那么我就不是在观察"现在如何"，我是在观察我自己的局限，因而从来没有观察"现在如何"。

当我观察时，观察者与我是不同的吗？还是说观察者**就是**被观察者——你明白吗？而这就彻底消除了冲突。因为你看清了我们的生活、我们的教育、我们的生活方式是奠基于冲突的——我们所有的关系、行为、生活方式、思维方式，都发源于你我之间、彼此之间内在和外在无止境的冲突。而目前的所谓宗教生活强化了冲突，把它变成人间炼狱——你必须通过对某个信仰的遵从和接受来接近上帝或者无论什么——这些都是形式各异的冲突。而一颗冲突中的心显然不是一颗宗教之心。

所以我们就来到了这个问题上：心灵，你的心灵，能不能观察而没有观察者？这一点会变得极为困难，因为这时就引入了这整个恐惧的问题。我们内心不仅仅存在有意识的恐惧，而且还有更为根深蒂固的恐惧。那么，心灵能摆脱恐惧吗？不是摆脱某几个恐惧或者你意识到的那些恐惧，而是摆脱包括有意识和无意识恐惧的整个结构？也许你会说这是不可能的，没有哪个人能够毫无恐惧地活在这个世界上。那么，我们现在就问问，一颗活在恐惧中的心——对明天、对已然如何、对也许会如何的恐惧，关系中的恐惧，对孤独的恐惧，一打形式各异的恐惧，最为荒唐的恐惧，以及最为悲惨的恐惧——这颗心能否摆脱这所有的恐惧？

那么你要如何探究恐惧？我害怕一打子的事情。我要如何探究并摆脱恐惧？请记得观察者就是被观察者——恐惧与观察者并无不同。显然，观察者就是恐惧的一部分。那么，心要如何摆脱恐惧？因为背负着恐惧的重担，你就活在了黑暗中，而从恐惧中会产生攻击性、暴力，以及各种神经质的行为，这些事情不仅仅发生在宗教领域，而且也发生在日常关系中。因此，一颗健康、清醒、完整的心，必须拥有从恐惧中解脱出来的自由，不是局部的自由，而是彻底的自由：根本就没有局部的自由这回事。所以，观察者本身就是恐惧，而当他把恐惧当作与自己分开的东西进行观察时，就会造成冲突。然后他努力去战胜恐惧、压制恐惧，或者逃避恐惧，等等。然而，当你洞察了观察者就是被观察者这个真相，那时会发生什么？

我换个方式来讲一下：我很愤怒——愤怒与我是不同的吗？——我，就是那个说"我很愤怒"的观察者。还是说，愤怒就是我的一部分？这一点看起来是如此简单。而当我认识到观察者就是被观察者，我认出的那个愤怒就是我的一部分，不是分开的东西，那么我会对愤怒做什么？我和愤怒并不是分开的，我**就是**愤怒。我和暴力也不是分开的，我**就是**暴力。暴力来自于我的恐惧，是恐惧导致了攻击性。所以我就是那一切。然后会怎么样？

我们再深入地看一看：当我生气的时候，每一个反应我都认了出来，并称之为"愤怒"，因为我以前愤怒过。所以下一次我很生气的时候，我认出了愤怒，而这就让愤怒变得更为强烈，因为我是带着对以前愤怒的识别来看这个新反应的。所以我只是认出了愤怒，我并没有超越它，我只不过每次把它识别了出来。那么，我，这颗心能不能观察愤怒而不作识别，不使用"愤怒"这个词？用词就是一种识别。我们是暴力的人类，这表现在很多方面；我们也许脸色温和，嗓音轻柔，但内心深处我们是暴力的人，有着暴力的行为、暴力的言辞，等等诸如此类。而暴力与我、与观察者不同吗？

我发现观察者就是暴力的一部分。并非观察者不暴力于是他看着暴力,而是观察者本身就是暴力的一部分。

那么他该怎么办?我是暴力的一部分,因此我把自己从暴力中分离出来,说,"我必须压抑它,我必须战胜它,我必须超越它",于是在暴力和我自己之间就有了冲突。而现在我断除了这种荒唐的做法,我看到了这个事实:我就是暴力的,我的结构本身就是暴力的。然后会怎么样?显然,这时就没有了想要克服它的愿望,因为我就是它的一部分。这时我就没有试图克服它、压制它的问题;压制、克服、逃避都是能量的浪费——不是吗?那么,当观察者就是被观察者,我就拥有了之前因为逃避和压抑而耗散的所有能量。现在我有了惊人的能量,那种能量在观察者就是被观察者时就会产生,而它是可以超越暴力的。

去做任何事情,我们都需要能量,不是吗?我需要能量来超越暴力,而我之前通过压制、遵从、合理化,通过各种逃避和辩解,把那些能量给浪费了。当我看到观察者就是被观察者,所有的能量就都聚集了起来,当那股完整的能量出现了,暴力就不复存在了。只有碎片才会造成暴力。

提问者: 这里有一种相互的影响。

克: 不是相互影响,先生。我们得紧扣一件事情,先不要把相互影响引入进来,我们回头再谈这个。先生,你看,全世界的人类都曾试图用传统的方式来克服暴力和愤怒,通过合理化、辩解、逃避以及各种神经质的行为来克服它们，但我们并没有超越暴力，我们也没有超越愤怒、残暴以及诸如此类的一切。那么心能超越它吗？一劳永逸地了结所有暴力？只有当我们领悟到观察者就是被观察者，这才是可能的，因为此时的观察中就没有了逃避、诠释、合理化，而只有真实存在的事物，因而你就有了超越它的能量。去这么做，你就会发现这一点。但是你必须先要理解观察者就是被观察者这个真相，理解其中的道理和逻辑。

当你看着另一个人——妻子、丈夫、女友、男友，等等——你和你观察的对象、你观察的那个人是不同的吗？男人和女人的外形也许各自不同，性别或许不同，但从心理上讲，你的意识和她或他的意识有区别吗？请务必在我们讨论的过程中探究这一点。当你观察，你是在观察你自己心中的意象，而不是在观察别人。你通过各种互动建立起来的印象，你对她或他所建立的意象，是那个意象在看。这一点是如此明显，不是吗？所以，当你真正懂得了观察者就是被观察者，不是从字面上或者道理上，而是懂得了这个事实，看到了这个真相，那么所有的冲突都将烟消云散，而我们与彼此的关系也将因此经历一场根本的转变。

那么，心能够观察恐惧吗？让我们回过头来看一看：你害怕死亡、生命、孤独、黑暗，害怕不是个人物，害怕没有取得惊人的成功，害怕没有成为领袖、作家，害怕这个，害怕那个,害怕各种事情。首先,你有没有觉察到恐惧?抑或,你过着一种如此肤浅的生活,没完没了地对其他事情高谈阔论,却从来没有意识到自身,没有发觉自己的恐惧。那么,如果你意识到了那些恐惧,你又是在哪个层面上意识到的呢?只是从智力层面上意识到你的恐惧呢,还是你真正觉察到了你的恐惧——那种觉察就像是你觉察到了你旁边的人所穿线衫的颜色一样?你是不是觉察到了你内心隐藏的更深层次的那些恐惧?如果它们是隐藏起来的,如何才能把它们暴露出来?你必须进行分析吗?而分析师就是你自己。他自己也需要被分析;否则他不是一个分析师!

所以,你要如何揭露恐惧的这整个结构及其错综复杂的细节呢?你知道,这是一个非常重大的问题,不能只是听上两三分钟然后就抛在脑后——而是要自己去弄清楚,有没有可能暴露出所有的恐惧,还是说只有一个长满枝节的核心恐惧。而当你看到了那个核心的恐惧,那些枝节就开始枯萎了。那么,你要如何着手这个问题?从外围开始还是从核心开始?如果心能够了解恐惧的根源,那么恐惧的那些枝节和各个方面就没有了意义,它们会枯萎凋零。那么恐惧的根源是什么?你能看着你的恐惧吗?现在就看着它,邀请它——在这里你当然不会感到害怕,可是你知道你有哪些恐惧:孤独、没人爱、不够美,丢了你的职位、工作,你的这个或那个,各种不同的东西。而通过观察某一个恐惧,观察你某个特定的恐惧，你就可以看到那个恐惧的根源，并且不仅仅是那个恐惧的根源，而是所有恐惧的根源。通过观察一个恐惧——观察者就是被观察者这个意义上的观察——你自己就会看到，通过一个恐惧你发现了所有恐惧的根源。比方说你害怕——什么？

提问者：孤独。

克：孤独。你害怕孤独。那么，首先，你有没有观察过孤独，还是说，那只是你害怕的一个概念？不是孤独的事实，而是孤独的概念——你看到差别了吗？究竟是哪个？是这个概念吓坏了你，还是这个事实吓到你了？

提问者：它们是分不开的，对吗？

克：不，先生，你看，我有一个孤独的概念。那个概念就是思想进行的合理化，它说，"我不知道它是什么，但是我害怕它。"或者，我所知道的孤独不是一个概念，而是一个事实。当我身处人群却突然觉得与任何人都不相干，我被彻底疏离，茫然无措，没有任何人可以依靠。我完全无处停泊，感觉无比孤独、害怕。这是一个事实。但**关于**它的概念就不是事实了，而恐怕我们大部分人都对它抱有一个概念。

所以，如果它不是一个概念而是一个事实，那么孤独是什么？我们难道不是一直都在滋养它吗？——通过我们自我中心的行为，对自己无比关心，关心自己的外貌、态度、观点、评判、地位、身份，自己的重要性，诸如此类，不是吗？这都是一种隔绝的形式。我们日复一日、年复一年地这么做，然后突然发现自己极其孤立，我们的信仰、神明，一切都不见了。我们内心有这种无以复加的、无法穿透的隔绝感，自然会造成巨大的恐惧。于是我在生活中，在我的日常生活中观察到，我的活动、我的思想、我的欲望、我的快乐、我的经验都越来越导致隔离。而终极意义上的隔离就是死亡——那是另外一个问题了。所以我观察它，在我日常的活动和行为中观察它。而在观察这种孤独的过程中，观察者就是孤独的一部分，他实质上就是那种孤独。所以观察者就是被观察者，因此他绝不可能逃避它。他不能掩盖它，无法用善行或者无论什么把它填满，也不能跑到教堂然后冥想等等诸如此类。所以观察者就是被观察者。然后会怎么样？你已经彻底消除了冲突，不是吗？不试图逃避它，不试图掩盖它，不试图把它合理化，你就那样面对着它，你**就是**它。当你彻底面对着它，没有丝毫逃避——因而你就是它——此时问题就不复存在了，不是吗？问题已不复存在，因为此时完全没有丝毫孤独感。

那么你能观察你的恐惧吗？通过一个恐惧就追踪到所有恐惧的根源？我很孤独，我知道那意味着什么，不是作为一个概念，而是一个事实。我知道饥饿的事实是什么，不是因为有人告诉过我饥饿是什么。我内心有这种强烈的孤独感、隔离感。隔离是一种抗拒、一种排斥。我充分意识到了这些，我也意识到观察者就是被观察者。恐惧确实存在，根深蒂固的恐惧就在那儿；而通过恐惧、孤独的一个因素，我就能够发现、能够看到恐惧的核心事实，恐惧就是观察者的存在。如果观察者不在了，而观察者就是过去，就是他的观点、判断、评估、合理化、解释以及所有的传统，如果这些都不在了，那么恐惧何在？

如果"我"不在了，恐惧又在哪里？但是我们所受的宗教教育，以及在学院、学校和大学里所受的教育，都是在坚定和培养作为观察者的"我"。我是个天主教徒、新教徒，我是个英国人，我是这个，我是那个，诸如此类。而通过观察一个恐惧，心就能够观察和追踪恐惧的核心事实了，恐惧是观察者、"我"的存在。那么我能无"我"地活在这个世界上吗？当我周围的一切都在维护"我"的存在，文化、艺术工作、商业、政治、宗教，我周围的一切都说**要培养"自我"**。在这样一种文化、这样一种文明中，你能活得无"我"吗？僧人说你办不到——所以逃离俗世吧，遁入寺院，更名改姓，把你的生命奉献给这个或那个，但是"我"依然存在，因为那个"我"把自己跟它为自己投射出来的这个、那个形象认同了起来。那个"我"以改头换面的形式继续存在着。

所以，你能不能活在这个可怕的世界上，却没有那个"我"？——这是一个极其重要而又非常严肃的问题。换言之，你能不能清醒地活在这个疯狂的世界上？这个世界是疯狂的，到处是各种骗人的宗教把戏。你能活在这个疯狂的世界上，同时自己保持彻底的清醒吗？

而谁又能回答这个问题，除了你自己？也就是说，你必须看清：你的意识，连同它所有的内容，就是全世界的意识。这不是一个说法，这是一个真相，一个千真万确的事实。你意识的内容组成了你的意识，没有那些内容，就无所谓意识。你意识的内容就是恐惧、快乐，就是世界上所发生的一切，就是这个受到高度颂扬和赞赏的文化——这真是一个了不起的文化，有着无数的战争、残忍、不公、贫乏和饥荒——我们都属于这个意识。然而，如果你的意识经历了彻底的转变，那种转变就会影响整个世界的意识，它确实会。以任何一个曾经发动所谓的外在革命的人为例，比如列宁，比如法国大革命份子。你也许不赞同他们的所作所为，但他们确实影响了整个世界的意识，就像希特勒、墨索里尼、斯大林那帮人那样。

提问者：还有基督。

克：噢！没错，还有基督。你看看你是怎么逃避的？你逃到陈旧的传统中去了。你不说，"瞧，**我**必须改变。我的意识必须发生一场剧变。"这才是最核心的问题：你的意识能否发生一场剧变？只有当你看到了观察者就是被观察者这个核心事实，剧变才能发生。当你看到了这一点，内心所有的冲突就都已烟消云散。但是，只要观察者和被观察者之间、愤怒与不愤怒之间存在分别，冲突就必然存在。当犹太人和阿拉伯人发现他们都是相同的人类，冲突就没有存在的必要了。所以，你能观察你的冲突，并且看到它与你是分不开的，你就是那冲突吗？

欧亥 1975 年 4 月 13 日

我们的问题在于：并非总是基于记忆的行动是怎样的？因为基于记忆的行动必然会导致退化。这就是我们的问题。因为人类的心灵正在退化，导致退化的因素之一就是冲突、恐惧以及对快乐永无休止的追求，这些都以思想活动为基础，而思想活动本身是一个物质过程。有没有一种不会退化的行动？有没有一种本身就是洞察和行动的活动？那就是真正洞察并且行动，中间没有任何时间的间隔。

我换个方式来表达。生活就是关系。如果没有关系，就无所谓生活、活着。然而，在人的关系中，存在着积累起来的大量记忆；两个人之间有各种伤害、烦恼、快乐、恼怒、控制等等。你知道人际关系中都发生了什么。这些都作为形象储存在了记忆中。你对她抱有形象，她对你也抱有形象。而这两个形象说，"我们是有关系的。我们彼此相爱。"看看实际发生了什么：爱被缩减成了你们对彼此抱有的形象。那些形象不过是记忆，于是你把爱叫作对过去的缅怀。这是一个事实，是日常生活中发生的事。那么，你能不能活着而不抱有这些形象？只有此时才会有爱。在没有形象的关系中，就有一种始终新鲜的一刻接一刻的行动。

你与他人，与你的妻子、女友、男友或者无论是谁，有着直接的关系。你们在一起生活了一天或者十五年、三十年，于是你对她或他建立了、拼凑出了一个形象。你可以在自己的生活中看到这一点。累积起来的各种事件、侮辱、烦恼、不耐烦、愤怒、快乐、控制，都变成了记忆、形象，而正是那个形象一直在作出反应。那些记忆一直在关系中作出反应。那么，你能活着而完全不建立任何形象吗？只有这样，关系才存在。那么，你能不能这么做，无论发生什么都决不建立形象？不要说能还是不能，你会弄清楚的。如果你说，"不，那是不可能的"，那就没问题了，你就继续走自己的路好了。然而，如果你真想搞清楚，也就是说你想换个活法，你就必须问这个问题：你能不能不带一丝形象地活着？你想搞清楚吗？我会指给你看的，我们会一起前进。我不是你的古鲁，谢天谢地，也不是你的导师或者诠释者——什么也不是。

你得自己搞清楚什么是关注，什么是漫不经心。我和你有着亲密的关系，我们是家人，我对你抱有一个形象。那个形象究竟是怎么产生的？如果我全然关注，形象还会产生吗？所以我必须搞清楚什么是关注。

什么是关注？关注是专注吗？当你专注时，你就在排斥，你专注的时候，你就是在把全身心都集中在某个点上。因此你在自己周围竖起了一道抵抗的屏障，而抵抗中就有冲突，想要又不想要。所以我要搞清楚关注是什么。如果关注在，还会有任何形象吗？因为关系是生命中最重要的事。如果我与你有正确的关系，那么我就会与一切——与自然、与我的邻居——与生命中的一切都有正确的关系。而因为我与你没有正确的关系，一切就都出了问题。所以我必须弄清楚，如果有关注，还会有形象吗？还是说，只有漫不经心的时候，形象才会出现？你明白我的问题吗？你对我说了残忍的话，因为你是我的妻子、丈夫或者无论什么人。因为我没有注意，它就被记录了下来。但是，如果我在侮辱发生的那一刻全然关注，我还会记录吗？去弄清楚。探究一下，去做一下。也就是说，当你全然关注时，是没有中心的。而当你专注时，就有了中心。当你全然关注时，是没有我、没有形象的，什么也没有。比如说，如果你现在全然关注地倾听，如果你确实如此，那会怎么样？那就不会有同意或不同意，而只有关怀、慈悲和爱，所以你是在全然地聆听。同样，当关系中出现了令人受伤的一句话、一个手势或一个表情时，如果在那一刻有全然的关注，就不会产生形象，也不会记录任何东西。

萨能 1978年7月30日

我们用"秩序"一词所指的含义是什么？当你听到这个词，你的感受和反应，你直觉的回答是什么？在极权主义者眼里，秩序意味着服从少数人，遵守他们定下的模式。我用的词非常简单，但是足以理解他们用"秩序"这个词所指的含义了——不许有异议，我们的想法都是类似的，我们都为国家而工作，稍有偏离就会被称为异端分子然后被清除。这是一种秩序。我们要去质疑它。

然后还有维多利亚式的秩序——"维多利亚式"一词来源于19世纪末——指的是让外在的一切都井井有条。你内心也许有着各种混乱和不幸，但从外面看起来却井然有序。为了与此相抗衡，我们近年来又培植了放纵主义。对于生活在这个放纵的社会上的男男女女来说，秩序是令人憎恶的禁忌。对于生活在维多利亚时代的男女来说，秩序就是控制，不要表达你的感情，要隐忍克制。现在你们又有了极权主义的秩序。这些都是非常简单的事实，日常生活中的事实。从外在讲，我们说我们必须拥有秩序，然而我们的内心却非常无序。你是这么认为的吗?无序意味着矛盾、混乱,看重某件事情同时轻视其他事情,性变得极端重要,也许是唯一重要的事情,其他的就搁置一旁,或者居于次要的位置。而且内心也有着不断的斗争和冲突——这些都是混乱。这一点无疑是显而易见的。

那么,是什么造成了外在和内在的混乱?我们意识到自己生活在混乱中了吗?当战争来临,混乱也就接踵而至。这是彻头彻尾的有组织的恐怖主义,由牧师和所谓的正派人所护佑。这种十足的恐怖主义显然就是混乱,但属于体面的混乱,所有人都认可那是一件必要的事情。世界上国家林立时,失序也就出现了。所以外在有混乱,而内在也有。我们熟悉自己内心的混乱吗?当我们阅读报章杂志,我们知道外界有着骇人听闻的混乱。但要熟悉我们内在的混乱则要困难多了。现在我就在问自己,你也在问,这种混乱的根源何在,我们为什么要这样生活?我们为什么活成了这样?我们为什么忍受它?我们为什么接受了它?男女之间也有混乱,无论他们的关系多么亲密、愉快、舒适、令人满意,男人和女人之间一直争斗不断,这也是混乱。

提问者:并不是一直都这样。

克里希那穆提:当然,有可能有些例外。一两个或者五六个,这个世界上或许有少数人和彼此拥有非常美妙的关系,但和整个世界的关系却可怕得令人瞠目结舌。我说了,也许有这样的。

首先，我们对混乱熟悉吗？我们内心对此是不是有所觉察、有所认识？我们有没有看到或者观察到我们生活在混乱中？也许有些例外，比如那位女士和其他几个人。如果我们没有发觉我们生活在混乱中，谁又会来告诉你这一点？没人关心。正相反，他们希望你活在混乱中，你活在混乱中，这从社会和商业角度来讲是有利可图的，因为一旦你内心有了秩序，你就会变成一个威胁。

所以，请自己去搞清楚，你的生活方式从内在讲是有序的还是混乱的。有序也许意味着遵守某个模式，遵照某个传统。这就是通常所谓的有序。遵照宗教人士所说的——僧侣、古鲁、导师以及所谓的圣典——如果你遵循和服从那些，你就会说，"我活得井然有序。"然而，遵从能带来秩序吗？还是说，它就是混乱的根源？你在这个国家穿上长裤和衬衫，然后到了印度就穿上另一些衣服，这也是遵从。但我们说的是内在的、心理上的遵从。我们是不是在遵从？你是不是知道，你有没有意识到你在遵从？

我们来更深入地探究一下这个问题。我们就从这里开始：我或者你，是不是在遵从某个模式，无论是社会建立的，还是我自己建立起来的模式？我也许完全拒绝了外在的权威，但是内在我有自己经验和知识的权威，我遵从那些。

这也是遵从。那么你自己有没有觉察到这个事实？如果没有，那么谁能唤醒你？谁会来给你压力，于是你说，"是的，我身处混乱，我发现了这一点"？因为压力之下你是无法弄清真相的。正是来自外界的压力让你遵从或者不遵从的。所以，请恕我再问一次，你有没有问自己，你内心是不是有任何遵从？如果你非常深入地探究这个问题，就会发现这是极其微妙而又非常重要的一件事情。你必须遵守某些法律；在欧洲你必须靠右驾驶，而在英国靠左驾驶。如果你说，"哦，我不愿遵守"，然后靠右驾驶，那么英国的警察就要来抓你了。

所以请问问你自己，你是不是在遵从传统，遵从你自己有攻击性的、暴力的反应？你在遵从这一切吗？你瞧这是一个多么重大的问题：你是否在仿效，不是从外在，而是从内在、从心理上在仿效？你愿不愿意花一个下午、一个晚上，或者在一天里花些时间去看看你自己？这就是你此刻正在做的事情：请容我满怀敬意地指出，你正在看着自己，亲自去发现你是否在遵从、仿效，是不是你在遵照某个模式，而另一个人在遵照另一个模式，所以两人之间就有了冲突，进而混乱得以产生。

那么，如果你知道了、意识到了、看到了你处于混乱之中，你能不能与它共处——不试图改变它，也不说，"我必须超越它、压制它、了解它或者把它合理化"，而只是张开双臂拥抱它，如其所是，不作任何举动？这个婴儿就睡在你的臂弯里，你一动，它就会惊醒然后哭泣。

这就是主旨所在：你是愿意了解并通过规则、戒律和压制为自己的生活建立秩序，还是愿意观察自己身上的混乱，不逃离它，不把它诠释成你自己的癖好、性情，而只是看着它、观察它？

我们在另一个场合说过，"艺术"这个词就意味着把事物放在恰当的位置上，不赋予此或彼不应有的重要性。如果你太过重视技术，那么生活的其他方面就被忽视了；因而就出现了不和谐。如果你把性看得无比重要，把它当成生活中唯一重要的事，就像大多数人那样——或许也有些例外——那么你同样夸大了它，因而带来了不和谐。如果你把金钱看得最重要，矛盾同样也会产生——或者如果你说权力、控制无比重要，那也会造成矛盾。因此，和谐地活着就意味着把一切都放在恰当的位置上。你愿意这么做吗——不像西方那样极度重视你的身体，你的外表如何，你如何穿衣打扮——这并不是说你不能穿得体面、得体。你会这么做吗？如果不会，那你为什么还要谈论秩序呢？那根本毫无意义。但是，如果你想活得井然有序，进而活得和谐，拥有一种浩瀚的美，也许还有和平，那么你就必须拥有秩序。

秩序可跟浏览橱窗一点儿也不相干！只是从一家店走到另一家店，从来不买任何东西，你却以为这极大地开阔了眼界，从一本书换到另一本，从一个导师、一个古鲁、一个牧师、一个哲学家换到另一个。**从来、从来都不待在一个地方然后弄清真相**。人们为什么这么做？你可曾觉得好奇？他们去印度，他们受够了这里的牧师，于是觉得或许那里能有什么人物。这些都是罗曼蒂克的无稽之谈。这就是所谓的积累知识，或者保持开放的心态。这真的不是什么开放的心，而是一个满是大洞的筛子，除了窟窿什么都没有！我们一直换着花样在做着同一件事情。所以我们问，你是不是足够认真、投入、用心，真的想过一种全然有序的生活？

提问者：看起来似乎活在混乱里更容易一些。

克：活在混乱里要容易多了——是吗？

提问者：如果他们愿意活在混乱里，他们就没有根本意识到混乱是什么。

克：拜托，让我们自己搞清楚我们是不是愿意活在混乱里——显然大部人是愿意的——让自己的房间乱糟糟，等等；如果我们愿意，那就没什么好说的了。但是，如果你说，活在混乱里为自己的生活带来了破坏、痛苦、困惑和暴力，那么显然你就必须去了解、熟悉你的混乱。

如果你发现自己活在混乱中，若要弄清楚该做什么、不该做什么，你就必须探究这个问题：导致了这一切困惑、冲突和不幸的混乱，其根源是什么？我们所生活的这种彻底的混乱——其根源是什么？不要说，"是我"或者"是自我"——这些都是词语——或者思想；而是亲自去搞清楚。

提问者：我们接受了多数人的恐惧……

克：先生，把那些都扔掉。把克里希那穆提还有那些胡说八道都扔掉，自己去弄清真相。我真的对自己不感兴趣，我太老了，不玩儿那些幼稚的把戏了。

提问者：我们不关心别人，这就是混乱的源头。

克：我们谈的是混乱。它的起因、源头，它的本质是什么？等一下，不要引用任何人的话，包括我本人。因为，如果你引用的话，你就只是在回答问题，只是在说些别人说过的话而已。所以丢掉别人说过的话吧，包括这个人。不要依赖克里希那穆提，那将是毁灭性的。不要成立"克里希那穆提团体"，看在老天的份上。

混乱的根源是什么？任何局限的事物，在一个狭小的空间内运转的事物，都必然会制造混乱。如果我爱你一个人却恨其他人，如果我心仪于你却完全不关心整个世界，只要你我在自己的小家里快乐无比就够了，那就必然会制造混乱。所以我们正有所发现：任何在一个非常狭小的空间、狭小的壳子里，哪怕是在一个巨大的壳子里行动、生活的事物，都依然是有限的。在一个狭小的空间里活动、运转和行动的任何事物，都必然会制造混乱。如果我属于那个古鲁而不属于其他古鲁，那么我就是在非常局限地行动。显然如此。然而，如果我根本没有古鲁，我完全不追随任何人，那么我就可以海阔天空地行动了。

所以我在问你：混乱是不是由局限的生活方式造成的？我眼里只有我丈夫，没有其他人。我说我必须友好、慷慨、慈悲，我必须爱别人——但这些只是空洞的言辞，因为我的整个中心就围绕着一个人或者一件事情打转。而这会带来混乱。所以我已经发现了：任何局限的行动都必然会导致混乱。也就是说，如果我作为一个国家主义者去行动，那是混乱；如果我以天主教徒、新教徒、印度教徒、佛教徒等等身份去行动，那也是混乱。

那么，你有没有观察你自己，熟悉了自己，然后说，"就是这么回事。我会丢掉它、结束它"？如果你对弄清秩序是什么真的有兴趣，那么导致混乱的一切都会立即消失。就像一个搞研究的科学家，他所关心的最核心的事情就是研究，他为之付出了自己的一生；其他的事情都是次要的。那么，你能不能亲自去弄清楚，你是不是在一个小圈子里行动、生活的？

提问者：你是不是认为，改变自己、拥有洞察——混乱确实存在，而根源就是如此这般——是极其容易的事？

克：改变自己是那么容易的事吗？这是核心的问题。我说是的。不要**相信**这句话，因为你不会那么容易就改变的。如果你看到了真正的危险，就像看到一座悬崖那样的危险，你就会行动。但是你没有看到局限的行动、局限的生活方式的危险。也就是，我依恋你，你是我的，看在老天的份上，我们一起安宁地生活吧，我们不要吵架，然后就忘了整个世界吧——这个世界太丑陋了。我不得不出去到外面赚钱，诸如此类，但是我们俩是一起的。这就变得太幼稚了。

当你懂得了生活中混乱的危险，而这在很多不同的方面都有表现——遵从、生活在狭隘的小窠臼里，或者也许即使很宽阔但依然是个窠臼——如果你看到了这一切，不是从字面上、道理上，而是真正看到了它的危险，它就结束了。秩序就出现了。

提问者：我认为改变自己没那么容易。我现在有了洞察，我意识到了危险，然后我回到城市里去，回到我的朋友身边，我就把这些给忘了。

克：城市、生意、妻子、丈夫，都是最危险的事物，因为那些都蕴含着依附。等一下。并不是说你不能结婚，不能有女朋友等等诸如此类，而是请看到像我们现在这样生活在一个狭隘的小圈子里的危险之处。你知道，在萨能的这个小村子里，人们说的是德语。你走出去两英里，人们就说法语了。他们之间互不往来，把自己封闭在狭小的圈子里。而我们做的是同样的事情。你有没有真的看到这种生活方式的危险？如果你没看到，我要怎样才能让你看到，帮助你看到？比方说，我没有看到遵从传统、遵从模式的危险，无论外部的还是内在的；我没有看到导致混乱的根源。你用各种方式跟我解释过了，但我拒绝去看。你明白吗？因为那令人十分不安，而我习惯了混乱的生活方式，你让我去看，而这让我害怕。我被它吓坏了。

你已经习惯了混乱，你已经习惯了战争，你已经习惯了和你的妻子、丈夫争吵。你已经习惯了生活在这场混乱中。你知道，这非常有趣："宇宙"这个词的意思是秩序，而宇宙就处于秩序之中，绝对的秩序之中。而我们生活在混乱中，却试图去了解宇宙。当我自己就生活在混乱当中，我又怎么能了解那本身毫无间断的全然的秩序呢？

孟买　1981年1月31日

你们每个人都希望得到些什么？我给不了你们钱财、工作，也没法带你们到达天堂、救赎，那么讲话者能做什么？他只能指出某些有害于人类生活的因素、事件和经验；他可以指出民族主义是一种巨大的危险，共产主义是一种巨大的危险，一个对抗全世界人类的小群体是一项巨大的危险，不会解放人类的任何一种宗教都尤其危险——你的书本，所谓的圣典，都毫无价值，如果它们无法帮助你获得自由的话。那么，我们能不能一起帮助彼此获得自由——摆脱恐惧、悲伤、焦虑，于是我们能在这个世界上拥有一些和平、一些爱？我们可以一起这么做吗？还是说这是不可能的？你希望讲话者谈谈悲伤的终结吗？你想让讲话者传达给你一种与我们现在的生活方式截然不同的生活方式吗？我们有没有可能一起造就一个全然不同的社会？只有当我们的关系是正确的，我们的行动是正确的，这些才有可能实现。

我们可以探讨一下什么是正确的行动这个问题吗？在一切情境下都正确的行动，无论你生活在哪里，无论环境如何，无论你的行为是多么局限——我们能不能一起来弄清楚什么是正确的行动？这非常重要。所以我们先一起来搞清楚这两个词的含义："正确"和"行动"。当我们使用"正确"这个词的时候，它的意思是完整，不分裂，不破碎，一种完满的行动，其中没有遗憾，也不会带来任何不安。"正确"意味着一种在所有情况下都始终完整、精确、准确的活动。而"行动"的意思是"做"——正在做——而不是已经做了或者将要去做。所以正确的行动就意味着在做，意味着完整的、即刻的行动。而我们现在实际的行动是怎样的？它是建立在理想和记忆之上的，是你**应该**完成的行动，所以我们的行动总是在构建什么，总是在成为什么。如果我们的行动有个动机，那个行动实际上就不是行动了，因为在那个行动中你一直在成为什么，所以你关心的只是成为，而不是行动。所以我们现在要亲自去弄清楚正确的行动是什么。

如果你们自己能真正地了解这一点，你们就能解决不计其数的问题。我们的整个生活都是一种"成为"活动。如果你是个小职员，你就想成为经理；如果你是个经理，就想成为最高级的经理，等等。你想爬上成功的阶梯，无论是在商界还是政界，而在宗教界也是同样的情形。在宗教领域，如果你在练习、在遵循某些条规、某些概念、某些观点，你就同样在成为什么，不停地实现着什么。所以，如果你观察过的话，我们的生活实际上就是一个不断成为什么的过程。

在这个成为过程中，我们就引入了时间。我是这样的，我要成为那样，这就意味着有一种从这里到那里的活动，意味着有一个心理距离。从这里回到家，你需要时间。在这里，时间是必要的，因为你住得很远，或者很近。无论你住得很远还是很近，都需要时间。而从心理上，从内在，你对自己说，我是这样的，但我要变成那样。你现在的样子和你想成为的样子之间有一个距离，那就是时间，你想在那个时间内成为某个目标。所以我们的生活始终是一种成为活动，在那种成为中就产生了行动。对吗？所以行动永远都是不完整的。我想知道你有没有看到这一点。当你允许时间进入行动，那个时间就意味着你在从一个点向另一个点移动。所以你的行动必然是局限的，而任何局限的行动都会导致更大的冲突。

那么，有没有一种行动没有引入时间？请看到这一点的重要性。既有生理上的时间，从婴儿成长起来的时间，也有心理上的时间，还有钟表上的时间，也就是日夜。所以有三种类型的时间，首先是生理时间，对此你无能为力，时间嵌入了基因本身之中。从孩童长大成人，然后再老去，是需要时间的。从这里到你家，也需要时间。但是，我们认为做出正确的行动也需要时间：我将会学到正确的行动是什么，而那种学习就隐含了时间。那么，有没有一种行动不涉及时间，换言之，有没有一种行动不受"成为"这个想法的控制?对吗?请看一看这个问题的重要性,即:时间,心理时间中涉及了什么。比如说,我很愤怒,而我要花时间来克服我的愤怒。这就是我们大脑的运转方式;几千年来它所受的训练就是去这样运转。你认为启迪或者觉悟也需要时间,需要一世接一世的积累,遵循某个冥想体系,还有服从,这些都涉及了时间。

我们说时间是危险的。心理时间是种危险,因为它妨碍了你去行动。假设你是暴力的,如果你说,"我会变得不暴力",你就引入了时间。在那段时间内,你并没有摆脱暴力,你依然是暴力的。所以,如果你懂得了时间的本质,就会有立即的行动,也就是说,暴力立刻就终结了。我们来理解一下这个时间的问题。这非常重要,因为我们以为我们需要时间来改变;我们以为我们需要时间来成长、来进化——这里的时间就隐含着我现在如何以及我应当如何。而这是我们经久不衰的、持续不断的传统,是我们所受的制约。现在我们指出了心理时间的**危险**,不是生理时间或者钟表时间,而是心理时间,也就是允许明天介入——那个明天也许是一百天以后——认为从"现在如何"变成"应当如何"是需要时间的。所以我们说,允许时间介入行动是生活中最为危险的因素之一。这里请等一下。我需要时间来学一门语言;我需要时间来获得工程学学位。如果我想做一名计算机专家,我就必须学习,研究它,要花时间;从这里走到你家,也需要时间。从物理空间上讲,从这里到那里,我们需要时间。我们需要时间来学一门语言;我们需要时间来成为某个领域的一名专家,成为一名出色的木匠,这些你都需要时间。

所以我们的整个大脑都在和时间概念打交道。我们的整个生活方式就是成为什么,而这种成为是行动中最为危险的因素。你瞧,我们从来没有探究过有没有可能完全没有明天、没有未来;未来就是成为什么。同样,我们也从来没有探究过此刻的存在究竟如何。我们接受了这项传统、这项制约,那就是整个生命就是成为什么。你种下一颗种子,它变成了一棵植物、一棵树;这需要时间。于是同样的过程被纳入到了心理世界。我们在质疑这一点。我们说,心理上任何形式的成为活动,不仅妨碍了实际的行动,而且是一个幻觉。**心理上的明天并不存在**,但思想造出了成为什么的概念,思想投射出了明天——并不是说明天不存在;明天是存在的,你明天得起床——而是从心理上、从内在,我会成为什么;我最终会找到天堂;我会实现开悟;生生世世之后,如果我活得正确,我就会得到回报。植物生长是需要时间的,而我们认为成为什么也需要时间。

而在那种成为之中就蕴含着我们所有的问题:我一定要更好、更有爱,或者我贪恋金钱,我就不断地追逐金钱、金钱、金钱。所以你明白发生了什么吗?大脑是时间的产物,它从类人猿进化到了现在,它通过经验、知识、记忆、思想和行动得到了成长。现在明白发生了什么吗?经验、知识、记忆、行动——获得知识是需要时间的。

所以我们问,什么是正确的行动?它不可能处于时间的领域内。我无法学习正确的行动。如果我学习正确的行动,那种学习就需要花时间。如果你立刻完全领会了这一点的含义,那么从那种即刻的洞察中**就产生了**不涉及时间的行动。我会更深入地探讨这一点。

正如讲者所说,时间就是危险。你要么现在就直接洞察到这一点并直接行动,要么你就会说,"我会好好想想你说的话,看看它们是对是错。"然后你就要花时间慢慢来,但是,如果你说,"我要非常认真地倾听他所说的话",这就意味着你在给予全然的关注,而这种关注当中是没有时间的。你关注,你聆听,不是你将会去聆听,不是你听了之后再去诠释我说的话——那也要花时间——也不是你把听到的翻译成你已经知道的东西,那也引入了时间。所以,你能否如此全然地倾听,于是你就能立刻领会时间的含义?我再来讲一遍。科学家,尤其是计算机专家,已经认识到思想能做的或者已经做到的事情,计算机是可以做到的。这是事实。思想能做的,计算机可以做得快多了、准确多了;它可以做很多不可思议的事情。于是他们问,智慧是什么?如果计算机可以做思想能做的事情,那么人又是什么?而计算机是由人编程设计的,所以计算机永远无法摆脱知识;它就是以知识为基础的。而人类是可以摆脱知识的,这就是唯一的区别。而从知识中解脱出来并不是一个时间问题。

只有人能把自己从已知中解放出来,而计算机办不到。已知就是时间,获得知识需要时间。但是等一下,你以为了解自己也需要时间。了解自己就是阅读人类之书。我就是人类,可我以为读那本书需要时间。我必须了解我为什么有各种反应,我为什么累积记忆,为什么这样和那样。于是要读那本书,也就是进行自我了解,我们认为需要时间。也就是说,我需要了解自己,而我自己就是这整个知识的架构。要认识自己,我认为需要时间。我们把学习语言的原则应用到了认识我自己或你自己上面。所以我们以为时间是必要的。**然而在那里我并不需要时间**。我们认为我们需要时间来成为什么。

所以我们在问,正确的行动包含着时间吗?我来告诉你一件事情。我们的行动是基于经验、知识、记忆和思想的。这就是我们所生活的那个链条,我们根据那些东西去行动。这个过程就是时间中的活动。但现在我们指出的是另一件事,那就是,知识、经验、记忆、行动,然后重复这个模式,这整个过程就是时间,而由于我们就生活在这个过程中,我们就被它给困住了、制约了。而行动就意味着现在去做,不是明天去做,也不是已经做过了。行动意味着现在做，抛却了时间的"做"。这才是行动。所以，如果你有了问题，不要带着它过夜，不要让时间去解决它；时间永远解决不了它。不要让你的心背负着心理问题。如果你是个技师，你所受的训练就是解决问题。这很简单。但是，现在你被时间给制约了，那就是：获得知识，然后根据知识来行动，根据你学到的东西来行动。我们说，去看看这个运动过程——经验、知识、记忆、思想、行动——看到这个事实。这是事实；而看到的意思是觉察到它，如果你非常清晰地看到了这一点，那么你的洞察就摆脱了时间，因而就有了完全不牵涉时间的行动。我会进一步向你说明的。

大多数人从小就受到了心理上的伤害。在学校里，你被拿来跟更聪明的人比较，于是你受到了伤害。这种伤害一直贯穿在学校、学院和大学里，或者你从心理上、从内在被别的人以另外的方式所伤，因为一句话、一个手势或者一个表情。我们所有人，大部分人心理上都受过伤。而**受伤的是你为自己建立起来的形象**。这一点是显而易见的。是那个**形象**受伤了。只要你有个形象，你就会受伤，或者受到恭维——那都是一回事，是同一个硬币的两面。这是一个事实。大多数人都受过伤——他们终其一生都背负着它——然后这个伤害导致了更多的退缩、恐惧、对抗、逃避和孤立。这些你都能看到。也就是说，你听到了这些话，你明白了其中的逻辑和道理，你从理智上理解了这一点，那意味着你只理解了字面上的意思，却没有实实在在地看到这个真相。真相就是，只要你受伤了，受伤的就是你对自己抱有的形象，这个形象是你的社会、家庭、教育等等培植出来的。你建立了这个形象，就像追求权力、地位的政客为自己也建立了形象一样，当有人过来扎了一下你的形象，你就受伤了。那么，你是看到了这个事实呢，还是这只是个概念而已？你明白其中的区别吗？

你从字面上听到了我说的话。你听了之后对它进行抽象，于是它就变成了一个概念，然后你就去追逐那个概念，而不是事实。你有没有看到这个真切的事实——你抱有一个自我形象？如果你抱有自我形象，而那是个事实，你的那个形象就必然会受伤。你逃不掉，它就在那儿。那么，你有没有彻底认识到，只要你抱有自我形象，你就会受伤？你看到这个事实了吗？如果你看到了这个事实，那么你就可以探究是谁建立了形象。思想、经验、教育、家庭、传统，这一切都在帮助建立形象。你看到了这个真相：只要你有个形象，你就会受伤，就会有各种各样的后果。如果你看到了这一点，洞察了这个真相，那么那个形象立刻就消失了。如果你说，"我要如何除掉那个形象呢？告诉我方法，我会练习的"，那么你就允许时间介入了进来，因此你就是在不断地维系着那个形象。然而，如果你看到了这个事实、这个真相：只要你对任何事物抱有意象，你就会受伤，看到了这个真相就终结了意象。换言之，看到事实才是最重要的——洞察并立刻行动。

你知道，我们人类有很多问题。正如我所说，其中的问题之一就是冲突，"现在如何"与"应当如何"之间的冲突。这是一种冲突。而任何形式的信仰——它能带来某种心理上的安全感——对人类都是有害的。如果你发现冲突是种危险，观察它，看到它所有的后果，看到这是一个事实，而且不离开这个事实，那么这个洞察本身就终结了冲突。这就是为什么你必须了解时间那巨大的复杂性。如果你只是从道理上明白了，那没有任何价值；那只是一种文字交流。但是，如果你真的理解了，也就是说，你真的看到了你是贪婪的——而不说：我一定不能贪婪，那样的话你就偏离了——如果你与贪婪待在一起，立即看清它，那么那个洞察本身就是终结贪婪的行动。你在这么**做**吗？还是你只是**从口头上**接受了这些？

正如我们所说，我们一起探索了我们人类的大脑、我们人类的生活，有着所有的冲突、幻觉等等的日常生活。而我们以为时间、来世会解决这所有的问题。时间是你所能遇到的最大的敌人，因为时间阻碍了行动，而行动是完整的、圆满的、毫无分裂的，因此它不会留下悔恨的印记。所以，如果你非常认真地倾听了，亲自看到了这一点，那么你就会懂得，从时间中解脱的自由就是最了不起的觉悟。

欧亥　1982年5月2日

我们是在一起观察，人类为什么不能彼此和平共处。这里说的是事实，并没有夸大；而我们对待这个问题的方式，要么是纯粹的、非个人化的、客观的观察，要么作出个人化的反应。如果你用个人化的反应来应对，那么冲突就会永无止息。但是，如果你客观地、冷静地、不带任何倾向地处理这个问题——那么当你面对这个问题的时候，你的心处于怎样的状态？好吧，我们换个方式来说。为什么男女之间、人与人之间会有冲突？你知道，整个人际关系领域都有冲突。请看看这个问题，自己去回答，自己去探究一下；不要依赖我，依赖讲话者——那毫无意义。他只是一个文字载体，一部电话机。得由**你**来弄清楚为什么。我们是在一起观察，你不是在向讲话者学习，他也没有教你任何东西。你不是他的追随者，他也不是你的权威、你的古鲁。

通过一起观察，我们来探索这种冲突为什么会存在，以及有没有可能彻底终结它；不是从理论上，也不是就结束一天，而是将它彻底终结。这种冲突确实存在，也必然会存在，因为——我不想告诉你，因为那样就太愚蠢了。如果我来告诉你，那么你会说，是的，非常正确；然后你就退回到老路上去了，因为那不是你自己发现的东西。当你自己从心理上发现了什么，你知道会怎么样吗？你就拥有了无限的能量，而你需要那些能量才能把心灵从制约中解放出来。我和我妻子吵架了——如果我有的话，或者和女朋友，无论和谁——和她争吵是因为我是个孤独的男人。我想占有她，我想依靠她；我想得到她的安慰、她的鼓励、她的陪伴，我希望有人能告诉我我很棒。所以我在为她建立一个形象；而她也希望被占有，希望从我这里得到性满足，希望我变得与现在的我有所不同。只要生活在一起，不管是一天、一个星期还是很多年，每个人都建立起一个形象，而那会变成知识，对彼此的认识。

我可以稍稍讲一下知识的问题吗？这是个很严肃的问题。知识在关系中具有破坏性。我说我了解我妻子，因为我和她生活在一起，我知道她所有的性情、烦恼、冲动、嫉妒，这些都变成了我对她的认识：她如何走路，她如何做头发，她如何行动。我收集了一大堆关于她的信息和知识。她也根据以往收集了一大堆关于我的知识——知识永远都属于过去——不存在关于未来的知识。所以我们都对彼此抱有这些知识。

接下来我们就必须深入探究知识的问题了：知识在生活

中有什么位置？我们是在一起观察吗？知识能转变人类吗？知识对人类的突变或者制约的终结有什么作用？这些知识就是制约；我用知识制约了她，她也用知识局限了我。拜托，我不是在教你什么。你是在用你所有的能量和能力去观察，去看这个事实：人际关系中只要有知识，就必然会有冲突。要开车，要写文章，要说英语或者法语，我必须有知识。我必须拥有技术知识。如果我是个好木匠，我就必须拥有关于我使用的木料和工具等等的知识；但是，在与我的妻子、朋友或者无论谁的关系中，我通过持续不断的烦恼、分别和野心所积攒、所拼凑的那些知识，就会妨碍真正的关系发生。

这是一个事实呢，还是只是一个假设、一个理论、一个概念？概念是对事实的抽象。希腊语里"概念"（idea）这个词的意思是观察、看到，是尽可能去感知，而不进行抽象，那会变成概念。所以我们处理的不是概念，而是真实的关系，这个关系就处在冲突中；而当我和她都对彼此积累了一大堆信息时，冲突就产生了。所以我们的关系是基于知识的，而生活中关于任何事情的知识都不可能是完备的。请认识到这一点。知识必定和无知始终是如影随形的。你不可能完全了解宇宙。天体物理学家可以描述它，但要晓知那种无限，是不需要借助信息知识的；你必须拥有一颗就像宇宙一样广阔、一样全然有序的心。那就是另外一个问题了。

所以，了解知识的地位以及知识在关系中的障碍作用，这点非常重要。爱不是知识，爱不是记忆。当我没有了关于她的知识，我就能把她当作一个清新、鲜活的人来看待了，每天都是崭新的。你知道那会怎么样吗？可是你太有学问了，脑子里装满了书本上的知识和别人说过的话。这就是为什么一件如此简单的事却极其难以理解的原因。

孟买 1983年1月23日

这种美其名曰"民族主义"的部落主义导致了无数战争；而哪里有分别——不仅仅是男女之间关系中的分别，还有种族、宗教和语言上的分别——哪里就必然会有冲突。我们探讨过了这个问题：这种持续不断的冲突为什么会存在？其根源是什么，是什么导致了这所有的混乱，几乎无法无天——腐败的政府，武装着自己的各个团体，每个国家都在备战，认为某个宗教优于其他宗教？我们可以在全世界看到这种分裂，它已经在历史上存在了千百年。其根源是什么？谁来对它负责？我们说是思想分裂了人与人——思想，也创造了精妙绝伦的建筑、绘画、诗歌，以及科技、医药、外科医学、通讯、计算机、机器人等等所有这些领域的成就。思想带来了良好的健康、医药，让人类有了各种形式的享受。

但是，思想也制造了人与人之间的巨大分野，所以我们问：这一切的根源何在？我们说，只要有个原因，我们就可以结束这个原因；当你得了一种疾病，只要找到了病因，就可以把疾病治愈。只要有个原因，就可以终结那个原因。这显然是事实。如果是思想造成了这些混乱、不安定和持续不断的战争威胁，如果思想对这些负有责任，那么，如果我们不再这样运用思想，那会怎么样？

我们也说过这不是一场讲座。我们是在一起探究、一起审视，以发现为什么全世界的人类——当然也包括女人——都在无休止地延续内在和外在的冲突——社会、宗教、经济各方面的冲突。如果思想要为混乱、分裂以及人类的所有不幸负责——这一点显而易见——如果你认识到了这个事实，不是把它当作一个理论或哲学论述，而是如果你认识到了这个千真万确的事实：无论思想多么聪明、机巧、博学，它都负有责任，那么人类要怎么办？

我们也说过，思想造就了精美绝伦的大教堂、寺庙和清真寺，而它们里面所藏有的一切都是思想的发明。是思想创造了上帝。因为思想在这个世界上找到的是不确定、不安全和冲突，所以思想四处追寻，然后发明了一个能够带来安全和慰藉的载体、原则或者理想，但那些慰藉和安全不过是它自己的发明而已。我想这一点是显而易见的，如果你观察自己的思想，你就会发现，无论思想多么微妙、多么愚蠢、多么狡猾、多么聪明，是它造成了这所有的分裂和冲突。然后我们就可以问，这些冲突为什么会存在？为什么我们自有史以来就生活在冲突中——和好与坏、"现在如何"与"应当如何"、现实与理想的冲突为伍？

我们不仅要探究为什么会有冲突，还要探究为什么会存在好与坏、邪恶与神圣及美好之间的划分。请注意，我们是在一起思考，不是同意或不同意，而是观察你所处的当今世界和社会的状况，还有你自己的政府、经济状况以及各式各样的古鲁。你已经客观地、理智地、清醒地观察了这一切，那么人为什么生活在冲突中？什么是冲突？请恕我提醒你——我会三番两次地提醒你——我们是在一起对话。你和讲话者是在进行一场对话，不是你单单听去一些观点、概念或者言辞，而是你也在一起分担。只有你真的关心这些问题，你才能参与、才能分享。

如果我们只是把这里所说的话当成一系列的概念、结论和假设，那么我们的对话就结束了；你和讲话者之间就没有了交流。但是，如果你真的关心，真的清醒地意识到了世界上所发生的一切——暴政，对权力的追求，接受强权，与强权共存——那么你我之间就有了交流。所有的权力都是邪恶的、丑陋的，无论是凌驾于妻子或丈夫的权力，还是全世界政府的权力。哪里有权力，哪里就会伴随出现各种丑陋的事情。

所以我们在问，人为什么生活在冲突中。不仅仅是两个人之间、男女之间有冲突，而且一个群体对抗着另一个群体，一个组织对抗着另一个组织。冲突的本质是什么？我们谈的是非常严肃的问题，这不是哲学，而是在探究我们日复一日、年复一年、一直到死所过的这种生活。人类为什么与冲突生活在一起？你们之中也许有些人参观过法国南部那些有着两万五千年或三万年历史的山洞；里面有一幅画，画的是一个人在与一个牛形的恶魔战斗。①几千年来我们一直和冲突生活在一起。冥想也变成了一种冲突。我们所做的、我们没有做的一切，都成了冲突。

冲突是不是在有比较的地方才存在？比较意味着衡量；你拿自己跟另一个也许很聪明、很智慧的人比，跟一个有权有势的人比，等等。只要有比较，就必然会有恐惧，就必然会有冲突。那么，你能活着而完全不进行比较吗？我们以为通过拿自己跟别人比，我们就是在进步。你想跟你的古鲁一样，或者打败你的古鲁，超越他。你希望获得开悟、获得地位，你想要追随者，你希望受到尊重。而哪里有心理上的成为，哪里就必然会有冲突。我们是在一起思考这个问题吗？有没有可能过一种生活，一种现代生活，没有任何比较，因而没有丝毫冲突？我们正在质疑心理上的成为活动。一个孩子会长大，然后成熟。学习一门语言，我们需要时间；获得一门技术，我们需要时间。而我们问的是：心理上的成为是不是冲突的成因之一？我想把"现在如何"变成"应当如

---

① 指法国拉斯科洞窟，位于法国多尔多涅省蒙特涅克村的韦泽尔峡谷，发现于1940年，是著名的石器时代洞穴壁画。——译者注

何"。我不够好,但我会变好的。我贪婪、嫉妒,但也许有一天我会摆脱那些。

想要成为什么的欲望,也就是衡量和比较,这是冲突的根源之一吗?还有别的原因吗?是不是还因为二元性?这不是哲学。我们是在一起审视,以了解冲突的本质,然后亲自去弄清楚有没有可能彻底摆脱冲突。冲突耗损大脑,让心灵变得老旧不堪。一个活得没有冲突的人,才是一个非凡无比的人。大量的能量就浪费在了冲突当中。所以,恕我指出,了解冲突,这非常重要。现在我们已经看到了衡量和比较造成了冲突。

另外,我们也说了存在着二元性。你们的一些哲学家也提出了这一点,说二元性是导致冲突的原因之一。二元性确实存在——晨与昏,光与影,高和矮,聪明和愚钝,日升和日落。物理上确实存在二元性。你是个女人,而他是个男人。请和讲话者一起思考,不要接受他说的话,因为这样我们才能一起合作。也就是说,你必须抛开你的观点、结论和经验,因为如果你坚持那些,而另一个人也坚持他的那一套,那么就无所谓一起合作和思考了。分别确实存在,冲突确实存在。所以我恳请你,我们一起来思考,因为这个问题确实非常严肃。心理上的二元性究竟存在吗?还是说只有"现在如何"而已?我很暴力,这就是唯一的状况——暴力——而不是非暴力。非暴力只是一个概念,那不是事实。

所以，只要暴力和非暴力同时都有，就必然会出现冲突。在这个国家里，你们没完没了地谈论非暴力，但或许你们也是非常暴力的人。所以既有事实也有非事实：事实是全世界的人类都是暴力的，这是事实。暴力不仅仅意味着外在的暴力，也包括仿效、遵照、顺从和接受。

事实是"现在如何"，另一个不是事实。但是，如果我们被另一个所制约，也就是说，在自己依然暴力的同时，你去追求非暴力，你离开了事实，于是你就必然会有冲突。因为，当我在追求非暴力，我就是暴力的，我在播下暴力的种子。只有一个事实，那就是：我是暴力的。所以，在对暴力的本质和结构的了解中，暴力也许就终结了。

所以，存在的只有事实，而不是相反的那个。这一点很清楚——理想、原则，你所谓高尚的东西，统统是幻觉。事实是，我们是暴力、卑鄙、腐败、不安的，等等。这些是事实，而我们得跟事实打交道。如果你面对事实，它们是不会造成问题的，就是如此。所以我发现自己是暴力的，我不引入它的对立面，我彻底摒弃了毫无意义的对立面。我只剩下这个事实。我是如何看待这个事实的？看它的时候我有什么动机？我想让事实往哪个方向变动？我必须觉察事实的本质和结构，毫无选择地觉察。我们谈话的时候你在这么做吗？还是说，你只是开心地听去了一大堆词语，不时从里边挑些看起来方便适用的内容出来，但实际上并没有就你的疑问在全然地聆听?

你是如何处理事实的?我是如何观察我暴力这个事实的?当我愤怒、嫉妒,当我试图拿自己跟别人比的时候,那种暴力就显现了。如果我在那么做,我就不可能面对事实。一颗优良的心会面对事实。如果你在做生意,你会面对事实并处理它们;你不会假装通过躲开它们你就能获得什么东西。那样的话你就不是一个出色的生意人了。但是在这里,我们是如此无能,我们不肯改变,因为我们不去处理事实。我们从心理上、从内在去躲避它们。我们逃离它们,或者当我们确实发现了它们,我们就会压制它们。因此它们根本没有得到解决。

从这里我们就可以探讨另一个话题了,那也很重要。什么是一颗优良的心?你可曾问过这个问题?装满了知识的心是优良的吗?而知识又是什么?我们都对拥有知识感到非常骄傲——学术知识,通过经验、事件而来的知识。知识是积累起来的记忆和经验,而经验绝不可能是完备的。所以,一颗优良的心会装满知识吗?还是说,一颗优良的心是一颗自由的、领悟力强的、完整的心?一颗优良的心会是偏执、狭隘、传统的吗,会抱持民族主义吗?那显然不是一颗优良的心。一颗优良的心是一颗自由的心。它不是一颗只属于一时的心。一颗优良的心不属于任何时代,它也与环境无关。它可以应对环境、应对时间。但它本身是全然自由的。这样的一颗心没有恐惧。讲话者这么说，是因为我们的心深受教育和训练的影响，以至于没有任何原创的东西，它没有深度，因为知识始终是肤浅的。

我们关心的是了解人类，了解他的心智、活动、行为和反应，而这些都是局限的，因为他的各种感觉都是局限的。若要了解冲突的深度和本质，以及有没有可能彻底摆脱它，你就需要拥有一颗优良的心，而不只是收集词句。它并不一颗聪明的、机巧的心，这样的心我们大多数人都有。我们有的是非常精明的心，但不是优良的心。我们非常狡猾、精明、善于欺骗、不诚实，但这些不是一颗优良的心的品质。那么，对我们来说，活在这个现代世界上，有没有可能拥有一颗优良的心？这个世界有着它所有的活动、压力、影响、报纸以及机械的重复——我们的心就像计算机一样被程式化了——如果过去三千年来你一直被设定为一个基督教徒，那么你就是在不停地重复。这样的重复不是一颗优良的心的标志——优良的心强壮、健康、活跃、有决断力，充满了热情的警觉。这样的一颗心是必不可少的。只有这样我们才有可能引发一场内心的革命，进而建立一个新社会、一种新文化。

倾听的艺术就是倾听、看到真相并行动。对我们来说，我们看到了某些真实的东西，我们从逻辑上、道理上理解了它，但我们不行动。洞察和行动之间有个间隔。洞察和行动之间会发生很多其他的事情，因而你永远都不会行动。如果你看到了自己身上的暴力这个事实，而不企图变得不暴力——那不是事实——那么你就会看清暴力的本质和复杂性；你会发现，如果你倾听自己的暴力，它就会显露出自己的本质。你自己就可以了解它。当你洞察了你的暴力并且行动，暴力就彻底地终结了。然而，如果洞察与行动之间有个间隔，就会产生冲突。

《克里希那穆提独白》节选
欧亥　1983 年 3 月 31 日

人类如今提出了一个问题，而这个问题他本应在多年前就向自己提出，而不是要等到最后一刻。人终其一生都在为战争做准备，而不幸的是，这似乎是我们的本性。我们已经沿着这条路走了那么远，到如今才问：我们该怎么办？我们人类该怎么办？实实在在地面对着这个问题，我们的责任是什么？这才是当今的人类所面临的真正问题，而不是我们应该发明和制造哪种战争武器。我们总是先制造危机，然后再问自己该怎么办。政客们和广大的民众将会根据当前这样的形势，带着他们民族自豪感、种族自豪感，以他们的祖国等等之类的名义，来决定该如何行动。

这个问题来的太迟了。尽管需要采取一些迫切的行动，但我们必须向自己提出的问题是，有没有可能停止所有战争——而不是某一种战争，核战争或传统战争——并且抱着极其热切的态度去弄清楚战争的根源是什么。除非发现并消除了这些根源，否则，无论是传统战争还是核战争，我们都会继续发动下去，而人类将会毁灭彼此。

所以我们实际上应该问：战争最根本、最本质的根源是什么？一起来看看战争真正的根源，不是发明出来的原因，不是罗曼蒂克的、爱国主义的原因以及诸如此类的废话，而是真正去弄清楚人类为什么准备去合法地屠杀——也就是发动战争。除非我们探究并找到答案，否则战争还会继续。但是我们的思考不够认真，我们没有足够投入地去揭开战争的根源。先抛开我们现在所面临的、最紧迫的问题和当前的危机，我们能不能一起去探究战争真正的根源，进而抛弃它们、消除它们？而这需要我们有发现真相的迫切愿望。

我们必须问一问，为什么存在这种划分——俄国人、美国人、英国人、法国人、德国人，等等——为什么人与人、种族与种族之间会存在这种划分，文化对抗着文化，一套意识形态对抗着另一套？为什么？为什么会有这种分割？人类把地球分割成了你的和我的——为什么？是不是因为我们试图在某个群体或某个信念、信仰中找到安全，实现自我保护？因为各派宗教也分裂了人类，让人们互相对抗——印度教徒、穆斯林、基督教徒、犹太人等等。民族主义，以及它不幸的爱国主义，实际上是一种被美化、被高尚化了的部落主义。人们无论在一个小部落里还是一个非常庞大的部落里，都有一种在一起的感觉，说着同样的语言，信奉着同样的迷信，有着同一种政治和宗教体制。我们在里面觉得安全、快乐、舒适，感觉受到了保护。于是为了那种安全和舒适，我们就愿意去杀害其他那些同样渴望安全的人，他们也希望受到保护，有所归属。让自己与某个群体、某个旗帜、某种宗教仪式等等相认同的可怕欲望，给了我们一种感觉——我们有了根基，我们不再是无家可归的流浪汉。人的内心都有这种找到自己根基的渴望和冲动。

同时，我们也把这个世界划分成了很多经济圈，这也带来了无数的问题。或许战争的主要根源之一就是重工业。当工业界和经济界与政界携手共进时，他们必然会维持一种分裂性的活动，以确保他们的经济地位。所有的国家都在这么做，无论大小。小国被大国所武装——有的在悄无声息地暗中操作，其他的则在明目张胆地进行。这所有的苦难、不幸，以及浪费在军备上的大量金钱，其根源是不是由自豪感和超越他人的渴望在大力支撑着？

这是我们的地球，不是你的、我的或者他的。我们活在地球上是要互相帮助的，而不是互相毁灭。这不是什么浪漫的胡话，而是真切的事实。但是人类划分了地球，希望因此能在某个局部找到幸福、安全以及一种持久的舒适感。除非我们发生一场根本的转变，消除所有的国籍、所有的意识形态、所有的宗教派系，并且在建立外在的组织之前，首先从心理上、从内在建立起一种全球化的关系——否则我们还将继续混战下去。如果你伤害他人，如果你杀害他人，无论是因为愤怒还是通过有组织的屠杀，也就是战争，那么你——你就是整个人类，而不是一个在对抗其他人类的人——就是在摧毁你自己。

这才是真正的问题，最根本的问题，你必须加以了解并将其解决。除非你真的非常用心、非常投入，想要根除国家、经济和宗教上的这些划分，否则你就是在无止境地延续战争。你对所有的战争都负有责任，无论是核战争还是传统战争。

这真的是一个非常重要而又十分紧迫的问题：人类，你，能否在自己身上触发这场改变——而不说，"如果我改变了，那又有什么价值呢？那难道不就像是大湖里的一滴水，所以毫无影响吗？我的改变又有什么意义呢？"请恕我指出，这是一个错误的问题。它之所以是错误的，是因为你就是整个人类。你就是世界，你与世界是分不开的。你不是什么美国人、俄国人、印度教徒或者穆斯林。抛开这些标签和名词，你就是整个人类，因为你的意识、你的反应和其他人是相似的。你也许说着另一种语言，有着不同的习俗。这些都是肤浅的文化——显然所有的文化都是肤浅的——但你的意识、你的反应、你的信念、你的信仰、你的意识形态、你的恐惧、你的焦虑、孤独、悲伤和快乐，与其他人类都是相似的。如果你改变了，那将会影响整个人类。

思考、探求、追究、找出战争的根源——但不是模糊地、肤浅地探究——这非常重要。只有当你以及那些深切关注人类命运的人，感受到了自己要对杀害别人负有全部责任时，战争才能得以了结和终结。什么能让你改变？什么才能让你认识到，是我们一手造就了如今这番可怕的境地？什么才能让你背弃所有的分别——宗教、国家、伦理等方面的分别？是更多的苦难吗？可是你已然历经了千千万万年的苦难，而人类还是没有改变；他还在追随着同样的传统、同样的部落主义、同样的宗教分别——"我的上帝"和"你的上帝"。

神明或者他们的代言人都是思想发明出来的；他们在日常生活中完全没有任何真实性。大部分宗教都说过杀人是最严重的罪行。早在基督教出现之前，印度教徒就这么说过，佛教徒也这么说过，但人类照样杀戮，完全无视他们对上帝、对救世主等等的信仰，依然走上了屠杀的道路。天堂的奖赏或者地狱的惩罚会改变你吗？这些东西也都给过人类了，而且也都失败了。没有哪个外在的规则、法律、体制能够阻止人类的杀戮。任何思想上的、浪漫的信念也都无法制止战争。只有当你，也就是整个人类，看到了这个真相——只要有任何形式的分别，就必然会有冲突，无论那种分别宽或窄、大或小，都必然会导致斗争、冲突、痛苦——战争才会停止。所以你不仅仅要对自己的孩子负责，你还要对整个人类负责。除非你深刻地理解了这一点，不是从字面上、观念上，也不是仅仅从道理上理解，而是这种感受融入了你的血液，融入了你看待生活的方式，融入了你的行动中，否则你就是在支持有组织的屠杀，也就是所谓的战争。即刻洞察这一点，远远比立刻回答一个因为人类数千年来互相残杀而造成的问题重要多了。

这个世界已病入膏肓，除了你自己，外面没有人能帮你。我们有过领袖、专家，有过各种外在的代理人，包括上帝——他们都没有奏效；他们完全没有影响你的内心状态。他们无法引领你。没有哪个说法、哪个导师、哪个古鲁、哪个人能让你内心变得坚强，变得无比健康。只要你身处混乱，只要你自己的房子没有保持在恰当的秩序、恰当的状况，你就会树立起外在的先知，而他必定会引你误入歧途。你的房子一片混乱，上天入地都没有人能为你的房子带来秩序。除非你自己懂得了混乱的本质、冲突的本质、分裂的本质，否则你的房子——也就是你——将会一直混乱下去，一直征战不休。

谁拥有最强大的军事实力并不是问题，人与人彼此对抗才是症结所在，是人类建立了各种意识形态，然后这些意识形态之间相互对立。除非这些观念、这些意识形态全部消失，人们为其他人类负起责任来，否则世界上就不可能有和平。

萨能 1983年7月26日

提问者： 你说过，对任何事情都不抱有观点，这非常必要。可我觉得有必要对这些事情抱有观点，比如纳粹主义、共产主义、军备扩充以及政府对酷刑的使用。你不能就坐在那儿看着这些事情发生。难道你不是必须得说些什么或者做些什么吗？

克里希那穆提： 你抓不到我！我也抓不到你！这可不是我们在玩的一个游戏。我们为什么抱有观点？我并没有说那有必要还是没必要。我们为什么抱有观点？观点是没有得到证实的事情——偏见也是一种观点。那我们为什么要持有它们？并不是说纳粹主义、军备扩张以及政府使用酷刑这些事情不存在。这些事情都在发生，每个政府都沉溺在这些事情上，借着和平、法律、爱国主义、上帝的名义。每种宗教也都折磨过人们，除了佛教和印度教。这些都是事实。英国把武器卖给了阿根廷。看看这有多荒唐。法国和其他国家也在出售武器。你也许对此抱有强烈的看法：这些事情不应该发生。那你打算怎么办？加入某个组织，游行示威，高喊口号,被警察殴打,被投掷催泪弹吗?这些你都在电视上看到了或者经历过了,如果你是那个闹剧、那场表演的一份子的话。

你的观点带来改变了吗?军备问题已经发生了好几百年了。他们都说我们一定不能这么做,可是大公司、工业界说,如果我们不这么做就无法生存。那么你会拒绝支付税金吗?如果你这么做,就会被投入监狱。首先看看这里面的逻辑。对于这些事情,你会做什么?那都是些错误的、残忍的事情,它们导致了大量的暴力。这是事实。智利人民正饱受蹂躏,①贝尔法斯特②等地也发生着类似的事情。没有哪个政府能例外,无论秘密隐蔽还是明目张胆,这些事情都在发生着。那么你要怎么办?你也许强烈反对纳粹主义、希特勒和武器工厂。他们在世界上犯下了可怕的罪行。德国是一个高度文明的欧洲国家,在哲学界、发明界都遥遥领先。而这个伟大的文明的民族却被一个疯子给控制了。

而观点又是什么?我抱着一个反对这一切的观点。那个观点又有什么价值?它会影响武器的出售,会阻止纳粹主义、阻止酷刑吗?还是说,这整件事情比单纯抱有观点要深

---

① 1983年5月11日,为结束军人统治、恢复民主制度,智利铜矿工人联合会发起了第一次全国性抗议活动。——译者注

② 北爱尔兰的首府,当时由于北爱尔兰问题,此地发生了一系列暴力冲突。——译者注

刻多了?还有更为严肃、更为深刻的问题:人与人为什么相互对抗?问问这个问题,而不是我的观点是不是站得住脚。在发展了千百年所谓的文明和文化之后,人与人为什么依然相互对抗?如果我们可以探究这个问题——而这比抱不抱有观点需要更为认真地探询——那么我们就可以进入另一个领域了,我们也许可以在那里有所作为。

你,身为一个人,为什么对抗他人?为什么对抗另一个意识形态?你有自己的意识形态,却反对另一个意识形态。民族主义的意识形态和极权主义的意识形态正在相互交战。人类为什么依靠意识形态而活?意识形态并不真实,它们是思想发明出来的东西。思想,在研究了大量的唯物主义哲学之后,得出了某个结论,那变成了某些人的法律,然后他们就希望别人也接受。而另一方在以另一种方式做着同样的事情。民主世界,所谓的自由世界,并没有把我们投入监狱,因为我们还能坐在这儿谈话。而在极权主义国家中这也许就不可能了。

我们现在问的是一个远远更为根本、更为深刻的问题:人与人为什么相互对抗?你难道不反对某个人吗?你难道不暴力吗?而你就是整个人类。我知道我们喜欢认为自己是分离的个体,有着各自的灵魂——但我们不是。你就是其他人类,因为你受苦,你就像其他所有人一样痛苦、孤独、沮丧。所以从根本上讲,你就是其他人类。你就是人类,而无论你喜欢与否,放眼全球,你就整个人类。如果你敌对、暴力、有攻击性、抱持爱国主义——我的国家比你的好,我的文化是最高级的,诸如此类的无稽之谈——那么你就是在贩卖军火;你已经助长了对人类的蹂躏,因为你是一个天主教徒、新教徒、印度教徒。哪里有分别,哪里就必然会有冲突以及诸如此类的一切。那么,你是在完整地行动吗?还是说,是那个小我在行动?那样的话,你就是一个在对抗他人的人。

提问者:我们从读到的内容得知,你有过一些奇特而神秘的经验。这是昆达里尼①还是某种更不寻常的东西?我们读到过,你认为你经历的那个所谓过程是某种意识的扩展。那会不会反而是自我诱发的身心失调状态,是由紧张造成的?克里希那穆提的意识难道不也是思想和词语构成的吗?

克:有人对这个感兴趣,所以我必须回答。你们对这个感兴趣吗?当然了,这要比欲望刺激多了!我希望你们能简单地看待这个问题。克里希那穆提显然有过各类经验。它们也许是由紧张导致的身心失调状态,或者是他自身欲望产生的愉快的投射,等等。在印度,"昆达里尼"这个词有着不一般的含义。他们为此著书立说,并且有几个人声称自己唤醒了它。我不会详细讲这些。不要被这个词催眠了。它的意

---

① 昆达里尼,有人译为"拙火",梵文本义为"卷曲",据说是每个人与生俱来的能量,只有在"适当条件"下这种沉睡的潜在能量才会被唤醒和提升,进而接通宇宙的能量。——译者注

思是一种能量的释放,因而能量是取之不尽用之不竭的。它还有其他的一些意思——唤醒能量,然后让它充分运转。而这个所谓的过程也许只是想象,等等。

这些事情重要吗?有人正在俄罗斯试验读心术。安德罗波夫①可以读出里根②先生的想法,里根先生也能读出安德罗波夫的想法,然后游戏结束!如果你可以读出我的想法,我也可以读你的,那么生活就变得太复杂了,也太无聊了。他们在美国的杜克大学也做了这个实验。这些都是古老的印度传统。也许克里希那穆提做过一些这样的事情,但这重要吗?那就像洗了个舒服的澡一样——炎热的一天之后,用干净的毛巾和上好的香皂洗了个健康的澡,洗完之后你就干干净净的了。重要的是你洗干净了,把这些放在那个层面上就够了,不要看重这些。克里希那穆提经历过这些,对此他知道不少,但他认为这些都是无关紧要的。有很多能量都被我们误用了,用在了战斗、争吵、伪装上面,还有总想说我的比你的好,我到达了这个平台,等等。探究为什么人类的所作所为就像现在这样,那要重要多了,而不是追究这些微不足道的事情。这些**就是**微不足道的。我们和一些声称自己唤

---

① 尤里·弗拉基米罗维奇·安德罗波夫(1914—1984),前苏联政治家,曾在1982年至1984年间任苏共总书记。——译者注

② 罗纳德·威尔逊·里根 (1911—2004),第40任美国总统。——译者注

醒了这种能量的人讨论过这个问题。你有了一点儿体验，然后就开店叫卖了。然后我就变成了一个古鲁，然后就开始做生意了。我有了门徒，我告诉他们做什么，我发了财，我用某个姿势坐着，而且我非常……这都是些无稽之谈！

所以你必须非常小心自己这些小小的经验。真正重要的是去清醒地、理智地、逻辑地探索，弄清楚你是如何通过冲突、争吵、恐惧和伪装浪费自己的能量的。当所有这些能量都没有浪费，你就拥有了世界上所有的能量。只要你的大脑没有因为冲突、野心、挣扎、斗争、孤独、沮丧等等而退化，你就拥有丰沛的能量。但是，如果你仅仅释放了某些小小的能量，那么你就会对他人造成无尽的伤害。

所以请不要落入那些古鲁的陷阱，他们说，"我知道，你不知道；我来告诉你。"在美国有各种各样的中心，也许在欧洲和印度也有，那里有一两个人说，"我唤醒了这种特别的东西，我来告诉你是怎么回事，我来教你。"你知道这一套老把戏！当人与人征战不休，当世界正在堕落、正在分崩离析，而你却在谈论那些毫无价值的小小经验，这真是太微不足道了。

同时，提问者还问了：因为每个意识连同它的内容都是思想活动的产物，那么克里希那穆提的意识不也是思想组成的吗？你的意识有它自己的内容：恐惧、信仰、孤独、焦虑、悲伤，追随别人，抱有信仰，说我的国家更好，有最高级的文化。这些都是你意识的一部分，它就是你。如果你摆脱了这些，那么你就处于一个截然不同的维度中了。这不是意识的扩展，这是对意识内容的否定，而不是扩展然后变得越来越自我中心。

旧金山 1984年5月5日

若要探究和观察我们每一个人的整个内心世界，你需要激情，而并非只是进行智力上的游戏、剖析或者分析。你需要激情和能量。这种能量现在被浪费在冲突上了，因为我们每一个人，无论贫富，无论是个文盲还是个大科学家，无论是过着单调的日常生活的普通人，还是丛林深处小村子里没文化的人，都生活在不断的冲突中。所有人类都经历着巨大的冲突、挣扎和痛苦。要探询有没有可能终结这种内在的、心理上的冲突，需要的不仅仅是能量，而是真正的激情：足以去弄清楚人类的冲突究竟能否终结，还是只能永无休止地继续下去，这样的激情。

据考古学家和生物学家所说，我们应该已经在地球上生活了四五万年——从最古老的文明一直到当代。我们一直都生活在冲突中，不仅与大自然冲突，还有内心的冲突，以及战争带来的外部冲突。人类这四五万年的进化过程，把我们带到了如今的境地——依然身处冲突。我想知道我们是否认识到了这一点，不是从理论上、思想上，而是真正认识到我们彼此之间的冲突有多么深重，而且不仅仅是彼此之间，我们自己内心也是一样。我们已经接受了冲突就是我们的生活方式，外在的表现就是战争，而战争是被美化了的部落主义，摧毁着数以百万计的人类。尽管宗教谈论世界和平，但他们都残杀了人类，也许只有佛教和印度教是例外。到处都是竞争和侵略，每个人都在追求自己的成功、自己的满足。我们身陷外部的冲突，而内心也是如此。这是事实，而不是一个理论。

我们从来没有探究过我们有没有可能摆脱冲突。很自然地，你必定会问讲话者，"**你**摆脱冲突了吗？"如果他没有，他就不会讲这些了。那就是虚伪，而讲话者这辈子实际上最憎恶的就是各种不诚实的、虚伪的思想或生活方式。现在，要一起探究这个问题，就需要你也来分担，参与进来，把自己投入进来，去搞清楚冲突能否终结，同时还要生活在这个世界上，而不是躲到某个修道院或者逃到哪个静修所里去，以及诸如此类的愚蠢把戏。我们为什么身陷冲突？冲突的根源、本质和结构是怎样的？我们大部分人都在坐等答案，等着别人来告诉我们。那是专家的职责。但这里没有专家。我们是在互相询问对方，冲突的根源是什么，战争，经济战争、社会战争以及人类遭受荼毒的根源是什么？其根源在哪里？难道不是因为林立的国家，因为每个国家都以为自己是分离于世界而存在的吗？不只是因为民族主义——这种被美化了的部落主义——还有极权国家和民主世界各自的意识形态,各种不同的信仰,一方秉持辩证唯物主义,另一方则信仰上帝、民主理想。那些都是理想,所以是理想在交战,信仰在交战。如果你信仰基督教的某些教条,或者信仰印度教或佛教的迷信和教义,那么正是这些信仰、这些信条分裂了人类。你是天主教徒或者新教徒,而新教徒又有数不清的派别,就像印度教和佛教一样——有南传佛教和北传佛教。

所以外部冲突的主要根源就是分裂。哪里有分裂,哪里就必然会有冲突;而我们自己内心也是分裂的、破碎的。我们每个人都以为自己与他人是分开的——不是吗?全世界的宗教都在鼓励这个信仰:你与他人是分开的,拥有独自的灵魂、独自的个性。请不要排斥这些,我们并没有要求你接受什么,我们是在探究。

在亚洲,在印度,人们相信这种独自的个性、独自的灵魂,就像你们这里的基督教世界一样——你的灵魂与他人是分开的,需要得到拯救。所以,我们内心从小就有的这种分离感、破碎感,就是冲突最基本的根源,每个人都从宗教上寻求自己的救赎——无论那个词究竟是什么意思。每个人都想表达自己、满足自己,追求自己的理想、自己的野心;妻子和丈夫做着完全一样的事情,每个人都追逐着自己的享乐、自己的欲望。

我们可以看到，只要有分裂，冲突就必然会存在。那么这种分裂能终止吗？这种分裂，在世界上带来了如此深重的痛苦、冲突、丑陋和残酷，它能在我们每个人身上终结吗？你也许是从头脑层面提出这个问题的，然后对它加以揣测。或许你们中的一些人会说，"不，那是不可能的。大自然中也有冲突。每种生物都努力争夺阳光，大动物掠食小动物，等等。由于我们是自然的一部分，我们也必然要生活在冲突中。生命就是这样的。"我们不仅把这些当作传统接受了下来，而且我们一直被鼓励、被引导、被教育着去延续这种冲突。

我们内心的这种分裂能终止吗？也就是那些互相矛盾的欲望，想要又不想要——你知道，都是这些互相矛盾的能量导致了如此惊人的冲突和痛苦——这一切能够结束吗？通过决心，也就是意志力，是不可能结束的。任何形式的意志、欲望、动机，包括想要结束冲突的渴望，而正是结束冲突的愿望滋生了进一步的冲突，不是吗？我想结束冲突。为什么？因为我希望过一种非常安宁的生活，然而我不得不生活在这个世界上——这个有着商业、科学以及相互关系等等的世界，这个现代世界。我能毫无冲突地活在当今的世界上吗？整个商界都以冲突、竞争、互相倾轧为基础。这是外界所发生的无尽的冲突。那么内心的冲突能够首先终止吗？我们总是询问如何没有冲突地活在外部世界里，但是，当我们探究了我们每个人内心都有的冲突，我们就会找到正确的答案、正确的行动。这种分裂，这些互相矛盾的欲望、需求和个人渴望，这所有的分裂能终结吗？

只有当你观察冲突，不试图终结它或者把它转化成另一种形式的冲突，而只是观察它，它才能结束。这意味着觉察，付出我们全部的注意力，去探究冲突是什么，它是如何产生的，探究能量互相矛盾的驱动力，只是单纯地观察它。

我们可曾完整地观察过什么？当你看着大海，清晨波涛汹涌而傍晚却波平如镜，你可曾不着一词地看着它，而不说多美啊、多吵啊、多令人不安啊？你可曾用你的全部感官、用你的整个身心，去观察那奇妙非凡的海水？看着大海，而没有任何反应，只是看着。如果你这么做过，那么就用同样的方式去观察冲突，不作任何反应，也不带任何动机，因为你一旦有一个动机，那个动机就会带来一个方向，在那个方向上就会有冲突。所以只是观察冲突这整个现象，它的根源，不只是分裂，还有仿效、遵从，观察这一切。只是去觉察冲突的整个本质和结构。当你如此全神贯注，你自己就会发现冲突是否已经终结。但正如我们所说，这需要巨大的能量，而只有当你背后有激情支撑，当你真的想要发现真相时，能量才会到来。你把大把的时间和精力都用去赚钱了，就像用来娱乐一样。但你从来没有把能量深深注入到全然的关注中，去发现冲突究竟能否终结。

所以，观察，不是决心，不是意志或者坚决的行为，而是用你的全身心去观察冲突的本质和结构。此时大脑所受的制约之一就结束了。因为全世界的所有人类都身受制约——作为天主教徒、新教徒、印度教徒、佛教徒、穆斯林，以及人类各种各样的发明。

我们需要探究我们所受的制约：我们确实受到了制约。你们是美国人，遵循美国的生活方式。如果你是天主教徒，你就已经被制约了两千年；如果你是新教徒，那么从亨利八世[①]时期开始你就受到了制约——他主张废除教皇，这样教徒就可以和别人结婚了。印度、日本以及世界各地都存在着各种形式的宗教、社会和文化上的制约。我们受到了制约，而这种制约就是我们的意识。

我们被报纸、媒体所制约。这种制约就是我们的意识，不仅包括生理反应、感官反应、性反应——这些也是我们所受制约的一部分——而且我们也被各种形式的信仰、信念和教条所制约，被意识形态和各种宗教仪式所制约。此外还有语言制约的问题，语言是否局限了大脑。

所以说我们受到了制约。我们的意识就是我们获得的所有知识和经验，不光是信念、信仰、教条、仪式，还包括恐

[①] 亨利八世（1491—1547），英国都铎王朝第二任国王（1509—1547），也是爱尔兰领主，推行宗教改革，使英国教会脱离罗马教廷，自己成为英格兰最高宗教领袖。——译者注

惧、快乐、悲伤和痛苦。我们所受的制约实质上就是知识。四万年或者更久以来，我们一直在获取知识，而我们还在继续往那些知识里不断添加。科学家们正日复一日、月复一月地往他们已经知道的内容里添加知识。这些知识是通过经验、测试和试验得来的，如果试验不成功，就把它放在一边然后从头开始。知识确实在不断扩展，无论是我们内心的知识还是外部的知识。而知识，因为它是基于经验的，所以是有限的。对任何事物都不可能有完备的知识，包括上帝。无论现在还是将来，知识都始终是有限的；你可以扩展或者添加知识，但它依然有着自身的局限。

所以思想，它脱胎于作为记忆被储存在大脑里的知识，这种思想是局限的。并不存在完备的思想。请质疑这一点，怀疑它，然后去发现真相。这一点很重要，因为我们的意识实质上就是思想，实质上就是知识。因此，我们的意识，大脑的全部能力，始终是局限的、受制约的。思想可以想象、揣测那无法衡量的、无尽的空间等等，但无论思想做什么，都依然是局限的。我们看到这个事实了吗？因为，不仅仅从道理上而且要实实在在地看到，无论我们思考什么，无论是政治、经济还是宗教，都始终是局限的，理解这一点真的非常重要。是思想发明了上帝——抱歉，我希望你不要对此感到震惊。请等一下。如果你毫无恐惧，完全不害怕外在的事件、事故，内心对死亡、明天和时间也全无恐惧，那么上帝还有什么必要存在？此时就有了一种永恒的状态——这一点我们现在就不讲了。

所以，我们要了解思想的本质，这非常重要、非常必要。思想创造了令人叹为观止的极为美丽的事物——伟大的画作，伟大的诗篇；思想也创造了这个整个科技世界，从原子弹到即时通讯，还有所有的战争武器、潜水艇、计算机等等。这些都是思想已经实现的成就。欧洲最美丽的大教堂，以及大教堂和教堂里面的所有东西，都由思想所造。但是，思想，无论它从内在和外在创造了什么，都依然是局限的，因而是支离破碎的。

思想是一个物质过程，因此思想所造的东西毫无神圣可言。我们叫作宗教的一切都由思想所造。你也许会说，那是直接来自天堂的神圣启示，但"直接来自天堂"或者"启示"这些概念本身，依然是思想的活动，还有"超级意识"等等。 不幸的是，来到这个国家的那些古鲁发明了那一切。你们有自己的古鲁，那些牧师；就不要再额外增加了。你们有的已经够多了。

所以，我们必须真正理解思想的本质。思想脱胎于知识，被作为记忆储存在了大脑里，所以它是一个物质过程。无疑，知识在生活的某些层面是必不可少的——写信，从这里到那里，我需要知识。开车以及完成物理方面的事情，是需要知识的。知识有它特定的地位。但我们问的是：知识在心理世界有任何位置吗？知识在你和你的妻子、丈夫之间有任何位置吗？知识就是你在那份男人和女人的关系中积累起来的记忆，无论是性方面的记忆，快乐、痛苦、对抗，还是对彼此的印象、认识和画面。

所以我们在问一个非常根本的问题：关系中的知识是否就是冲突的因素之一。毫无疑问，你对你妻子抱有一个形象，不是吗？——还有妻子对丈夫，或者女友对男友，等等。每个人都不光建立起自我形象，还为别人建立了形象。你当然也为讲话者建立了一个形象，我敢肯定；否则你就不会来这儿了。而那个形象就妨碍了你去真正了解对方。

当你与另一个人亲密无间地生活在一起，在那份关系中，你们会日复一日地累积对彼此的记忆。这些记忆，也就是印象，妨碍了真正的关系发生。这是事实。这些记忆是造成分裂的因素，因而导致了男人和女人之间的冲突。那么，大脑在关系中的这个记录过程能够停止吗？如果一个人结婚了——假设我结婚了，我没有，但假设我结婚了。不要问我，"你为什么不结婚？"那是逃避问题的一个容易的办法。假设我结婚了：互相吸引，上床，等等诸如此类。日复一日，月复一月，年复一年，关于她我积累了大量的认识，她对我也完全一样。而我们对彼此抱有的这些印象、这些认识，就造成了分裂进而导致了冲突。那么关系中的这种冲突能停止吗？而这极为重要，也极为必要。如果你的关系中没有一丝冲突的阴影，那么关系就是最为美妙的事情之一，而脱离了关系你是无法生活在这个神奇的地球上的。

孤独是一种完全隔离、完全分裂的形式。因为害怕孤独，以及它所有的沮丧、丑陋，我们会有意无意地试图跟另一个人建立一份关系。我们于是开始依赖对那个女人、男人或者无论什么人的画面和记忆。而真正的自由就在于摆脱这个建立意象的过程；这才是真正的自由——不是为所欲为，那就太幼稚、太不成熟了，而是当关系中不再积累记忆时，所出现的那种全然的自由。这可能吗？还是说，这只是一个徒劳无益的企盼，只能寄望于在天堂里得到？毫无疑问，寄望于天堂是荒唐的想法。

我们来探究一下。讲话者本人非常深入地探究了这个问题，但若要探究它，**你**就必须问问大脑为什么要记录。大脑会记录，这是它的一部分功能，记录如何学法语或者俄语，记住各种商业活动；大脑的整个机能就是记录。但是它为什么要在关系中记录？为什么我的大脑要记录我妻子的侮辱、鼓励或者奉承？它为什么这样？你可曾问过这个问题？也许没有。也许这个问题太无聊了。我们大多数人都满足于眼下的生活方式——接受了这种生活方式，然后一直延续下去，直到老去然后死掉。继续这种生活方式是浪费能量，其中没有任何艺术、任何美可言。只是日复一日地继续，遵循旧有的常规，延续着不幸、困惑、不安全，到了最后再毫无意义地死去。

大脑在某些层面、在物理层面是有必要记录的：如何开车，如何成为一名优秀的木匠或者某种丑陋的政客。但是在与彼此的关系中，究竟为什么要记录？是因为那种记录能在关系中给我们带来安全吗？关系中存在安全这回事吗？我相信，在这个国家，离婚的人比结婚的人要多。

关系是一个非常非常严肃的问题。但是，当大脑把所有微不足道的小事情、烦恼和快乐都记录下来的时候，关系的品质就被败坏了。你知道日常关系中都发生着什么，每个人都追逐着自己的野心、成就和快乐。这彻底地破坏了关系。

同样，爱是一件思想上的事情吗？爱是欲望吗？爱是欢愉吗？爱是记忆吗？请务必深入探究这些问题——不是只从道理上，而是真正去探究，那么这样的探究本身就是行动。当你行动时，那个行动是需要激情的，而不仅仅是智力上的概念或者欲望。爱不是贪欲，爱不在思想的轨道之内，而当大脑在关系中只是一部记录的机器，你就毁坏了所有的爱。

你或许会说，你那样说很容易，因为你没有结婚。很多人都这么跟我说过——这是胡说八道。讲话者和很多人在一起生活，在印度、欧洲和美国都有很多人，一直都是如此。当你真正懂得了思想的本质、结构、活动和局限，也就是当你观察过了，那种观察本身就是行动。此时就会有一种品质截然不同的关系，因为爱在大脑之外，不在思想的禁锢之中。

所以我们所受的制约,比如恐惧,就是思想的活动。我们已经跟恐惧生活了几千年,而我们依然恐惧,内外都是如此。从外在讲,我们想要身体上的安全。你必须拥有身体上的安全。但是,当你寻求心理上的安全时,外在的安全就变成不安全了。我们首先想得到心理上的安全;为了在心理上得到安全,我们就希望我们的关系是绝对安全的——我永远的妻子!或者,如果和那个女人无法长久,我就努力在另一个女人身上找到。你们也许会笑,但这就是世界上实际发生的事情。可能这也在你身上发生了。或许这就是你们这么快就笑了的原因。

你必须非常深入地探究,生活中究竟是否有任何内在的安全和永恒可言。还是说,对内在安全的追求——其终极形式就是上帝——是虚幻的,因而心理上根本不存在安全,而只有那种至高无上的智慧——它并非来自于书本或者知识——而是只有当爱和慈悲出现时,那种智慧才会到来。然后那种智慧就会行动。你或许会说,"这些都太不着边际了,太复杂了",但并不是这样。生命——生活——是一个非常复杂的过程。这点你肯定比讲话者还要了解。去办公室、去工厂上班——我们的整个生活方式是一个非常复杂的过程。而复杂的事物必须以极其简单的方式来处理。内心要简单,不是愚蠢的简单,而是明白简单这项品质。"纯真"

这个词在语源学上的意思是，不去伤害也不被伤害。但我们从小直到大学一直被父母、被同学所伤害；我们心理上永远都在受伤。我们毕生都背负着这些伤害，以及它们所导致的痛苦。当你受到了伤害，你就总是害怕会再次受伤，于是你围绕自己竖起一堵高墙来抵御伤害。然而，绝不会受伤就是简单。

现在就用这种简单来处理生活这个非常复杂的问题，而这就是生活的艺术。这些都需要巨大的能量和激情，以及一种非同寻常的去观察的自由。

拉杰哈特　1984 年 11 月 12 日

　　你们愿不愿意讨论人类为什么始终生活在冲突中,而且有着没完没了的问题?你们探究过这个问题?你们的生活满是冲突,不是吗?这次就请诚实些、简单些吧。什么是冲突?互相矛盾的欲望、需求和观点:我这么认为,而你那么认为;我的偏见对抗你的偏见;我的传统对抗你的传统;我的冥想和你的冥想对立;我的古鲁比你的古鲁好;更深层的还有,我的自私对抗你的自私。所以说,这个互相矛盾的过程就发生在我们身上,而这是一种二元化的生活态度:好的和坏的。你有没有问过,好坏之间有关系吗?我说的都是些新问题吗?这就是二元性,你知道的,比如恨与不恨。

　　我们以这件事情为例:暴力和非暴力。暴力和没有暴力的大脑之间有关系吗?如果有,那就意味着两者之间有一种联系。如果暴力和非暴力之间有一种关系,那么其中一个就是脱胎于另一个的。请用心好好想想这个问题。两个对立面:暴力,或者,如果你不喜欢暴力,就以嫉妒和不嫉妒为例。如果嫉妒和不嫉妒之间有关系,那么其中一个就是脱胎于另一个的。

你瞧,如果爱与恨或者嫉妒有关——这个例子要好一些——让我们以日常生活中的事实为例。如果爱与恨有关,那它就不是爱了,对吗?

如果非暴力与暴力有关,那它就依然是暴力的一部分。所以暴力与非暴力是完全不同的东西。如果你看到了这个事实,那么冲突就终止了。你瞧,如果我瞎了,我就接受这一点。我不能一直挣扎下去,说我必须拥有光明,我必须看见。我就是瞎了。但是,如果我不接受这一点,并且说,我必须看到,我必须看到,我一定要看到,那就会有冲突。这是非常简单的事实。我接受我瞎了。接受了眼瞎这个事实,我就得培养其他的感官了。我可以感觉到我离墙有多近了。明白我瞎了这个事实,就带来了它自身的责任。但是,如果我不停地对自己说,我必须看到,我必须看到,那我就有冲突了。

而这就是你在做的事情。如果我接受了我很愚钝,我确实如此,因为我拿自己跟更聪明的你来比。只有通过比较我才知道了愚钝。我发现你很聪明,很机灵,很智慧——然后我说,跟她相比,我真是太笨了。然而,如果我不比较,**我就是我实际的样子**。对吗?然后我就可以从那里开始了;但是,如果我一直在跟你比,而你聪明、智慧、漂亮、能干等等,我就和你一直有冲突。但是,如果我接受了自己实际的样子——我就是这样——我就可以从那里开始了。所以,只有当否认"现在如何"这个实际的事实时,冲突才会存在。我是**这样的**,但是,如果我一直试图变成**那样**,我就处在冲突中了。而你们就是这样的,因为你们都致力于从心理上成为什么。你们都想变成商人、圣人,或者想正确地冥想,不是吗?所以就有了冲突。我非但没有认识到我很暴力这个事实、不离开这个事实,反而假装自己不暴力;当我假装不暴力的时候,冲突就开始了。所以,你愿意不再假装,然后说,我很暴力,我们来处理暴力吗?当你牙痛的时候,你就去找牙医,你会做些什么,但是当你**假装**你没有牙痛……!所以,当你如实看到事情本身而不假装什么时,冲突就结束了。

孟买 1985年2月7日

你能不用词语来看待事物吗？当你坐在这儿的时候，你能看着这个人，而不带着词语、形象、名声等等这些愚蠢的念头吗？你能看着他吗？词语不就是观察者吗？词语、形象、记忆，这些不就是观察者吗？观察者不就是身为印度教徒、穆斯林或者无论什么人的背景，以及其中包含的所有迷信、信仰等等吗？正是记忆让观察者看起来有别于被观察之物的。你能去看、去观察，而不带着影响被观察之物的那些背景和过去的记忆吗？当你这么做的时候，剩下的就只有被观察之物了，并没有一个观察者在观察被观察之物。

正如我们之前所说，当观察者或者目击者与被观察者之间有一种区别或者划分时，就必然会存在冲突。而了解为什么人类从生到死都生活在冲突中，就是要搞清楚观察者和被观察者之间的这种划分为什么会存在，或者说，是不是存在的只有被观察之物。

我们说的是，哪里有划分，哪里就必然会有冲突。这是一个规律，是一条铁律。只要存在分离、划分，分裂成两个部分，就必然会有冲突。这种冲突最终会变成战争，涂炭生灵。就像当今世界上所呈现的那样，美国、俄国、黎巴嫩、伊斯兰世界与非伊斯兰世界，到处都是冲突。所以，了解并摆脱冲突，真正摆脱它，就需要了解观察者为什么变得如此强势，把自己从被观察的人或事之中分离了出来。在我观察的时候，如果我结婚了或者有个女朋友，我们之间就存在一种实际的分别，不只是身体上的，还有传统上的分别——父母的权威，某个人的权威——所以我们的关系中总是出现分裂，进而人与人之间就有了冲突。

这个世界上很少有人在关系中是没有冲突的，而冲突之所以存在，是因为我们把观察者和被观察者分离了开来。我有别于我的愤怒、我的嫉妒、我的悲伤；因为有别，所以就有了冲突。比如说，"我必须克服悲伤。告诉我如何战胜悲伤，告诉我该如何对付我的恐惧。"所以冲突一直存在。但你**就是**悲伤。你和悲伤、和愤怒、和你的性欲没有区别，不是吗？你和你感受到的孤独没有不同——你就是孤独的。但是我们说，"是的，我很孤独，但我必须逃离它。"于是你光顾寺庙，或者投身娱乐。你与你具有的那个品质没有区别，那个品质**就是**你。我**就是**愤怒、悲伤、孤独、沮丧。而以前，当我把自己分离出来，我就会对我的悲伤采取行动。如果我孤独，我就逃避孤独，或者试图克服它、分析它，或者用各种娱乐和宗教活动来填补。但是，如果现在我孤独，我就不能对它做任何事情了。我孤独——但我的孤独并不是与我不同的东西——我就是孤独。以前我对它采取行动,而现在我不能这么做了,因为我**就是**孤独。

所以,当观察者就是被观察者,那会怎么样?当愤怒**就是我**,那会怎么样?你有没有探究过这个问题,还是你只是说一句,"是的,我既是观察者也是被观察者"?那毫无意义。去深入探究,然后搞清楚愤怒与你究竟有没有区别。我们的传统和制约都说,"我与我的愤怒是不同的",所以我要对它采取行动。但是当你意识到你就是愤怒,你会怎么办,又会发生什么?

首先,所有的冲突都止息了。当你意识到你就是那个东西,所有的冲突就都止息了。我是棕色人种——就此结束。这是事实——浅棕色、深棕色、紫色或者无论什么颜色。于是你彻底消除了在你身上造成冲突的这个分裂性的过程。

同样,我们为什么要从事实中得出抽象的结论?事实是我愤怒,我嫉妒,我孤独。我们为什么把它变成一个概念、一种抽象的观念?得出抽象的概念是不是比面对事实更容易?因为那样我就可以玩弄概念了。我说,"是的,这个想法不错,那个想法很烂;说服我,你不要说服我。"我可以继续这样下去。当没有了抽象的概念而只剩下事实,我就必须去处理它了。但是此时我把自己分离了出来,然后说,"我要对它做点儿什么。"当你意识到分离并不存在——你就是那样，你就是"现在如何"，你是一个印度教徒、一个穆斯林、一个基督教徒，你是一个商人，你丑陋，你残忍；你就是那一切——此时你就彻底消除了自己身上的所有分裂感，因此冲突终结了。你知道没有冲突的时候大脑什么样吗？当大脑处于永无止境的冲突中，就像大多数人的大脑那样，它又会怎样？它会受伤，它受到了伤害。

也许你已经跟冲突、痛苦、悲伤和恐惧生活得太久了，于是你说，"它就是我的一部分，我会接受它"，而你一直就是这样做的。你从来没有探究冲突对大脑、对心灵、对一个人都做了些什么。如果一个人长期被冲突袭扰、轰炸，你知道大脑会怎么样吗？它就萎缩了。它变得十分狭小、局限、丑陋。而这就是发生在我们所有人身上的事。所以一个相当智慧的人会问，"我为什么余生都要生活在冲突中？"于是他开始探索冲突是什么。有分裂的地方，冲突就必然会存在——内外都是如此。这种分裂从根本上讲就存在于"我"、观察者和被观察之物之间。有两个分开的活动各自在进行——这不是事实，因为你就是愤怒，你就是暴力。如果你理解了这一点，并且认识到了观察者就是被观察者，那么就会有完全不同的行动。

《克里希那穆提笔记》节选 1961年9月31日

太阳正从五彩缤纷的层云之中缓缓落向罗马山后；那些云朵光彩夺目，洒满了整片天空，而整个大地，连同那些电线杆和成排连片的建筑，也都变得辉煌壮丽起来。夜幕很快就降临了。车子开得很快，群山渐渐隐去，乡间变得平坦起来。带着思想去看，与不带着思想去看，是两件不同的事情。用思想去看路旁的那些树木和散落在干涸大地上的建筑，让头脑被牢牢绑缚在了它自己那些时间、经验和记忆的锚点上；思维这部机器在无休止地运转着，没有停歇，没有新鲜感；大脑变得迟钝、不敏感，毫无复原的能力。它不停地对挑战作出反应，而它的反应是不恰当的、不新鲜的。带着思想去看，会把大脑留在习惯和认知的窠臼中；它于是变得疲倦而懈怠；它活在了自己所造的狭隘的局限之中。它从不是自由的。当思想不再去看时，这自由才会发生；不用思想去看，并不意味着一片空白的观察和茫然的心不在焉。

当思想不再去看，此时才有观察，而没有识别和比较、辩解和谴责这些机械的过程；这种看不会让大脑疲惫，因为所有机械的时间过程都已停止。经过了彻底的休息,大脑变得清新如初,能够回应而不作反应,活着而没有退化,死去而不受问题的煎熬。不带着思想去看,就是不受时间、知识和冲突干扰地去看。这种看的自由并非一种反应;所有的反应都有原因;不作反应地去看,并不是漠不关心、无动于衷和冷酷无情的退缩。不用思想的机制去看,就是完整的看,没有割裂和划分,但这并不意味着没有了距离和差异。树并不会变成房子,房子也不会变成树。不用思想去看,并不会让大脑昏睡;恰恰相反,它完全清醒、全神贯注,丝毫没有冲突和痛苦。没有时间疆界的关注就是冥想的绽放。

图书在版编目(CIP)数据

终结生命中的冲突/(印)克里希那穆提著;王晓霞,陈玥,刘幸译.
--上海:华东师范大学出版社,2015.8
ISBN 978-7-5675-1790-5

Ⅰ.①终… Ⅱ.①克…②王…③陈…④刘… Ⅲ.①人生哲学—通俗读物 Ⅳ.①B821-49

中国版本图书馆 CIP 数据核字(2014)第 029913 号

华东师范大学出版社六点分社
企划人 倪为国

克里希那穆提系列
终结生命中的冲突

著　　者　(印)克里希那穆提
译　　者　王晓霞　陈玥　刘幸
责任编辑　彭文曼
封面设计　卢晓红

出版发行　华东师范大学出版社
社　　址　上海市中山北路3663号　邮编　200062
网　　址　www.ecnupress.com.cn
电　　话　021-60821666　行政传真　021-62572105
客服电话　021-62865537
门市(邮购)电话　021-62869887
地　　址　上海市中山北路3663号华东师范大学校内先锋路口
网　　店　http://hdsdcbs.tmall.com

印 刷 者　上海盛隆印务有限公司
开　　本　787×1092　1/32
印　　张　5.75
字　　数　80千字
版　　次　2015年8月第1版
印　　次　2020年4月第2次
书　　号　ISBN 978-7-5675-1790-5/B·833
定　　价　58.00元

出版人　王　焰

(如发现本版图书有印订质量问题,请寄回本社客服中心调换或电话021-62865537联系)

On Conflict

By J. Krishnamurti

Copyright © 1994 Krishnamurti Foundation Trust, Ltd. and

Copyright © 1994 Krishnamurti Foundation of America

Krishnamurti Foundation Trust Ltd. ,

Brockwood Park, Bramdean, Hampshire

SO24 0LQ, England.

E-mail: info@ kfoundation. org Website: www. kfoundation. org

Krishnamurti Foundation of America

P. O. Box 1560, Ojai, California 93024 USA

E-mail: kfa@ kfa. org. Website: www. kfa. org

Simplified Chinese Translation Copyright © 2015 by East China Normal University Press Ltd.

Published by arrangement with Krishnamurti Foundation Trust Limited & Krishnamurti Foundation of America

ALL RIGHTS RESERVED

上海市版权局著作权合同登记　图字:09-2013-144号